视频教学界面

以下是从视频案例中截取的精彩图片，以供读者进行学习。

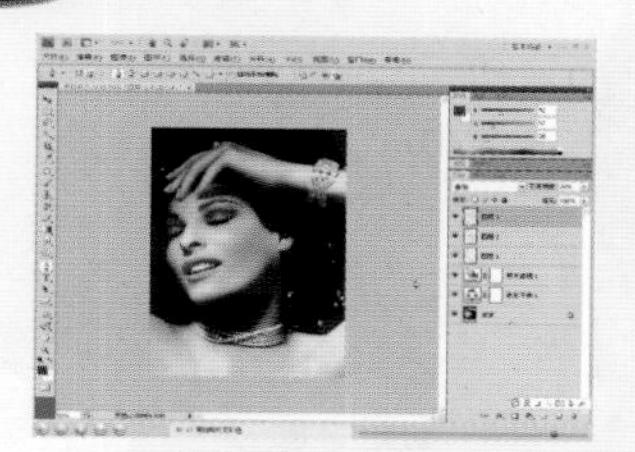

10.13 黑白照片变彩色

12.5 创意MP3壁纸合成

13.7 荡秋千的女孩

光盘赠送

光盘包括素材源文件，并且有大量的素材图片等，读者可以使用提供的素材文件重新进行编辑操作，创作出更精彩、更个性化的设计作品。

Before
After
Before
After
Before
After
Before
After
Before
After
Before
After

本书部分精彩案例

9.7 逆光照片调整细节

-126p

9.8 褪色照片恢复光彩

-128p

9.9 局部曝光过度修复

-130p

9.10 冷色调变暖色调

-133p

9.11 数码人像改变为单色

-137p

9.12 使照片色彩更有层次

-138p

9.13 数码人像模糊变清晰
-139p
Before
After
9.17 去除照片上的日期
-147p
Before
After
10.1 去除脸部瑕疵
-152p
Before
After

9.15 去除照片上的折痕
-143p
Before
After
9.18 旧照片翻新效果
-149p
Before
After
10.3 打造水嫩肌肤
-156p
Before
After

本书部分精彩案例

10.5 绚丽多彩的眼影
-160p
Before
After
10.6 粉红娇艳的唇彩
-163p
Before
After
10.7 打造瘦小脸颊
-165p
Before
After
10.8 艺术美甲效果
-167p
Before
After
10.9 时尚魅力蓝眸
-169p
Before
After
10.11 衣服变颜色
-173p
Before
After

10.13 黑白照片变彩色
—177p

11.1 光照大地
—180p

11.2 梦幻风景
—182p

11.3 蓝天白云
—185p

11.6 白天变黑夜
—191p

11.7 青青草地
—193p

本书部分精彩案例

11.8 鲜花满地
-195p
Before
After
11.9 春天变冬天
-197p
Before
After
11.10 东边日出西边雨
-199p
Before
After
12.2 梦幻精灵合成
-207p
Before
After
12.3 婚纱合成
-212p
Before
After
12.5 创意MP3壁纸合成
-221p
Before
JUST FOR MUSIC
After

12.6 地产广告合成
-227p
Before
山杉情
After
13.2 梦幻的睡莲
-234p
Before
After
13.6 飞舞的泡泡
-245p
Before
After

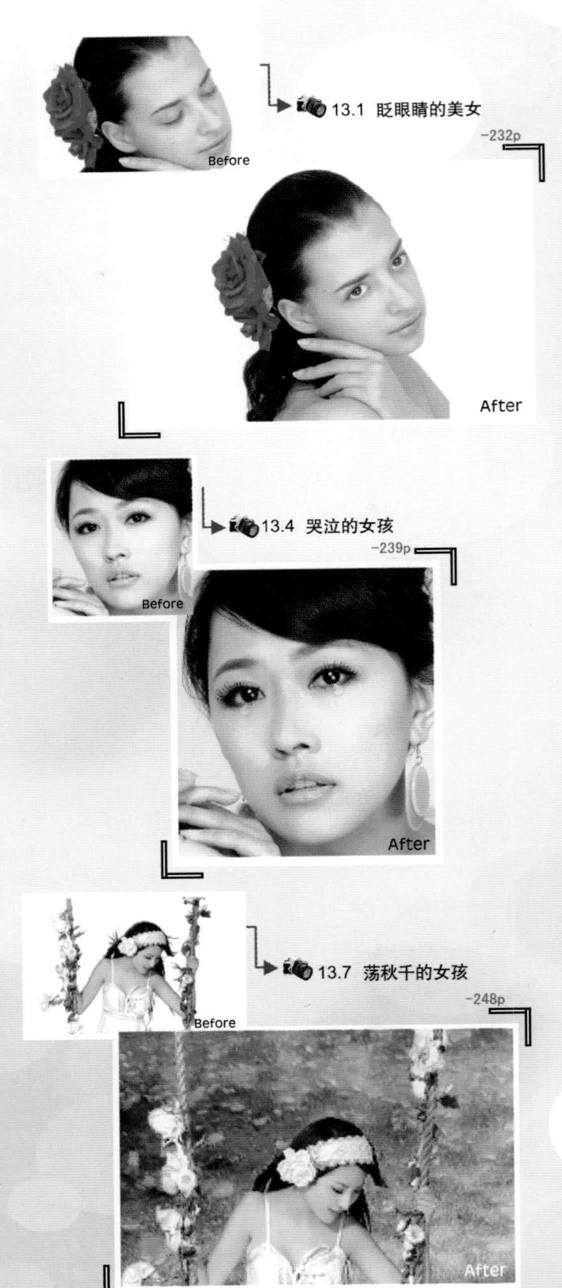
13.1 眨眼睛的美女
-232p
Before
After
13.4 哭泣的女孩
-239p
Before
After
13.7 荡秋千的女孩
-248p
Before
After

数码拍摄与Photoshop后期处理全攻略

刘亚利　编著

中国铁道出版社
CHINA RAILWAY PUBLISHING HOUSE

内 容 简 介

本书详细阐述了针对不同摄影对象的拍摄技巧，还讲解了影响照片拍摄的天气因素、光线因素、地区气候因素等相关问题的处理方法，并以图解方式详细介绍了如何运用图形图像处理软件——Photoshop CS4，将前期不理想的作品处理成优秀的数码图像作品。

全书分为13章：

第1章 认识数码相机；第2章 摄影爱好者的必备攻略；第3章 自然风景的拍摄技巧；第4章 数码人像的拍摄技巧；第5章 魅力城市的拍摄技巧；第6章 动植物的拍摄技巧；第7章 照片输入及管理；第8章 Photoshop CS4的基础知识；第9章 数码照片常见问题处理；第10章 照片人物美化技巧；第11章 风景照片的表现；第12章 数码图像合成效果；第13章 数码图像动画处理。

本书适合数码摄影新手及初学数码照片后期处理技巧的读者，同时也可以作为影楼后期制作、广告设计、平面设计以及数码照片设计人员的参考书。

图书在版编目（CIP）数据

数码拍摄与Photoshop后期处理全攻略/刘亚利编著
—北京：中国铁道出版社，2010.1
ISBN 978-7-113-10905-9

Ⅰ.①数…　Ⅱ.①刘…　Ⅲ.①图形软件，Photoshop CS4 Ⅳ.①TP391.41

中国版本图书馆CIP数据核字（2009）第236640号

书　　名： 数码拍摄与Photoshop后期处理全攻略
作　　者： 刘亚利　编著

责任编辑： 苏　茜　　**编辑部电话：**（010）63560056
封面设计： 九天科技　　**封面制作：** 白　雪
责任印制： 李　佳　　**责任校对：** 李瑞琳

出版发行： 中国铁道出版社（北京市宣武区右安门西街8号　　邮政编码：100054）
印　　刷： 北京米开朗优威印刷有限责任公司
版　　次： 2010年3月第1版　　2010年3月第1次印刷
开　　本： 880mm×1230mm　1/24　**印张：** 10.833　**插页：** 4　**字数：** 390千
印　　数： 3 500册
书　　号： ISBN 978-7-113-10905-9/TP・2739
定　　价： 45.00元（附赠光盘）

前言

数码相机可以真实地、艺术地记录各种事件与动植物的影像，并以其无可替代的优势成为了摄影中的“利器”。随着摄影技术的发展，人们在摄影中不断融入各种艺术元素，使其更加具备魅力非凡的艺术性。本书详细阐述了针对不同摄影对象的拍摄技巧，其中还讲解了影响照片拍摄的天气因素、光线因素、地区气候因素相关问题的处理方法等。

由于新手摄影的技术水平有限，还有天气原因等都会导致所拍摄的照片或多或少有一些遗憾。本书详细介绍了如何运用图形图像处理软件——Photoshop CS4，将前期不理想的作品处理成优秀的数码图像作品，如改变黯淡的光线，或者调整过曝的照片环境。

本书分为四个部分，由浅入深逐步引领读者掌握摄影知识与数码后期处理技巧。

第一部分包括第1～6章，讲解各种摄影对象的拍摄技巧。

第1章认识数码相机；第2章摄影爱好者的必备攻略；第3章自然风景的拍摄技巧；第4章数码人像的拍摄技巧；第5章魅力城市的拍摄技巧；第6章动植物的拍摄技巧。

第二部分包括第7章，讲解如何将数码照片输入电脑及管理数码照片的技巧。

第7章照片输入及管理。

第三部分包括第8章，带领读者熟悉与了解Photoshop CS4软件的基本功能与操作技巧。

第8章Photoshop CS4的基础知识。

第四部分包括第9～13章，详细列举了各种数码照片后期处理的应用技巧。

第9章数码照片常见问题处理；第10章照片人物美化技巧；第11章风景照片的表现；第12章数码图像合成效果；第13章数码图像动画处理。

读者学习本书后可以轻松应对遇到的各种数码拍摄与后期处理难题。文中提供了很多可供借鉴的拍摄与操作建议，对于新手来说不可多得。

本书采用通栏与三栏相结合的排版方式，容量更大，图文并茂，结构清晰，叙述详细。效果图以及操作界面图有利于读者轻松解读并快速掌握各知识要点。

- 本书阶段性强，从摄影新手到后期处理逐步进阶，有利于读者快速学习。
- 摄影知识全面，为新手摄影提供了很多实用的建议。
- 后期处理案例内容丰富，几乎涵盖了所有的后期处理方法，有利于读者全面提高操作能力。
- 全视频录制，让读者有与作者面对面交流的感觉，内容更加直观易懂。
- 附送光盘，有助于初学者在学习之后不断加强练习。

本书适合数码拍摄新手及初学数码照片后期处理技巧的读者，同时也可以作为影楼后期制作、广告设计、平面设计以及数码冲印设计人员的参考书。

关于作者

本书由资深设计师团队鼎力打造，由刘亚利编著。刘传梁、刘传楷、陈良、李颖、韩金城、周莉、李欣倚等二十多位同志参与部分章节的写作、插图或录入工作。由于编者水平有限，错误之处在所难免，敬请广大读者批评指正。

作　者

2009年9月

CONTENTS 目录

第3章　自然风景的拍摄技巧…23

第4章　数码人像的拍摄技巧…39

第7章 照片输入及管理.....83

第8章 Photoshop CS4的基础知识...95

第9章 数码照片常见问题处理....115

第10章 照片人物美化技巧.... 151

第12章 数码图像合成效果.... 201

第13章 数码图像动画处理...231

第1章 认识数码相机

数码相机作为当前流行时尚物品风靡全球。而使用 Photoshop 软件对照片进行后期处理已经变成众多摄影爱好者的娱乐方式。作为重要的时尚元素，不论是在快节奏的城市还是风景怡人的乡村，数码相机已经成为了人们记录真实[illegible]、保存美好回忆的重要工具。

1.1 认识手中的数码相机

消费级数码相机，由于拥有最大的消费群体，所以其种类非常繁多，而数码单反相机因其细腻、层次丰富的成像效果也慢慢受到越来越多摄影爱好者的青睐。

1. 消费级数码相机

从价格的角度进行分类有：入门型、家用型、准专业型，如图 1-1-1、1-1-2 和 1-1-3 所示。没有购机经验的消费者应该以自己的购买能力作为选择相机类型的标准。

图1-1-1 入门型的A1100

图1-1-2 家用型P6000

图1-1-3 准专业型G10

入门型的数码相机价格在 1000 元人民币左右，其成像效果和芯片处理速度都比较适中。这种机型适合学生和非摄影爱好者。

家用型的数码相机价格在 2200 元人民币左右，其成像效果较为细腻、清晰，芯片处理速度相对入门型有所提高。适合家庭娱乐拍摄和初级摄影爱好者。

准专业型的数码相机价格在 4000 元人民币左右，其成像效果接近数码单反相机，芯片处理速度较快，能够适应抓拍、连拍等高速数据处理的需求。适合热爱摄影的消费群体。

确定了准备投入的资金数额以后便可以对适合自己的相机进行筛选。喜欢拍摄风景的消费者可以选择有广角镜头的相机。相机及其成像效果如图 1-1-4 所示。

图1-1-4 有广角镜头的松下LX3相机及其拍摄的风景照

喜欢拍摄人像的消费者应该选择有长焦镜头的相机。相机及其成像效果如图 1-1-5 所示。

图1-1-5　有长焦镜头的佳能A650拍摄人像时能够虚化背景

新上市的潜水相机让喜爱水下运动的朋友着实高兴了一场。相机及其成像效果如图 1-1-6 所示。

图1-1-6　有防水设计的富士Z33在水下的表现不俗

2. 数码单反相机

数码单反就是指单镜头反光，即 DSLR(digital single lens reflex)，是当今最流行的取景系统。在这种系统中，反光镜和棱镜的独到设计使得摄影者可以从取景器中直接观察到通过镜头的影像。图 1-1-7 中可以看到，光线透过镜头到达反光镜后，折射到上面的对焦屏并形成影像，透过目镜和五棱镜，我们可以在取景器中看到所拍摄的景物。

当按下快门时，反光镜便会往上弹起，感光元件前面的快门幕帘同时打开，通过镜头的光线便投影到感光元件上进行影像收集，然后由处理芯片进行数据计算并存储，接着反光镜恢复原状，取景器中再次可以看到影像。

数码单反相机的这种构造，决定了它是完全透过镜头对焦拍摄的。它能使取景器中所看到的影像和拍摄出的照片一样，并且取景范围和实际拍摄范围基本上一致，消除了旁轴平视取景相机的视差现象。从学习摄影的角度来看，十分有利于直观地取景构图。

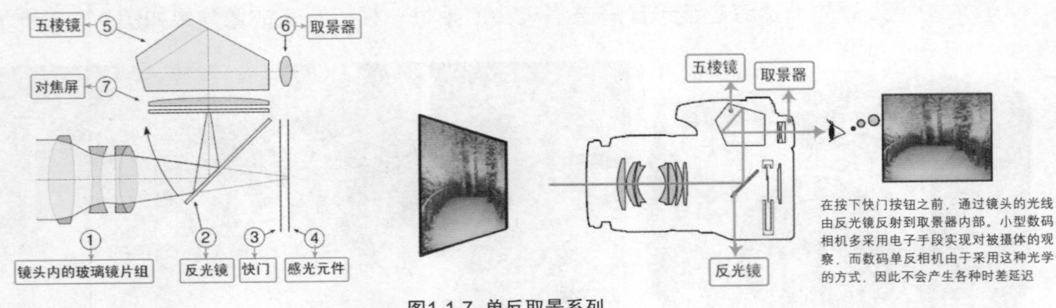

图1-1-7 单反取景系列

数码单反相机的感光元件比消费级数码相机的感光元件大 5~10 倍，所以能够拍摄出高质量的画面效果，高速的数码处理芯片能够胜任每秒 3~8 张的连拍。

数码单反相机的售价跨度比较大。入门级的数码单反相机在人民币 3 000~4 000 元之间，尼康 D60 是比较受消费者喜爱的机型，如图 1-1-8 所示。中等价位的在人民币 6 000~10 000 元之间，佳能 50D 和尼康 D300 是这个价位的主要机型，如图 1-1-9 和 1-1-10 所示。高级机型在人民币 10 000~20 000 元之间，佳能新开发的 5D MarkII，如图 1-1-11 所示，以其强劲的势头占领着这个价位的市场。专业级的机型在人民币 30 000 元以上，尼康 D3X 和佳能 EOS-1Ds Mark III，如图 1-1-12 和 1-1-13 所示，以其各自的特点拥有着大量的用户。

图1-1-8 尼康D60　图1-1-9 佳能50D　图1-1-10 尼康D300

图1-1-11 佳能5D Mark II　图1-1-12 尼康D3X　图1-1-13 佳能EOS-1Ds Mark III

1.2 数码相机镜头介绍

入门级的摄影爱好者在选购数码单反相机的时候最需要考虑的也是最容易忽略的一个因素就是——配套镜头。以笔者多年积累的经验得出的结论是普通摄影爱好者投入在数码单反相机机身和镜头上的资金比例为 1:1.5 或 1:2，例如购买佳能的 50D 机身为人民币 5 000 元，后期购买镜头的投入大概在人民币 7 500～10 000 元之间。

这些镜头包括广角镜头、长焦镜头、标准镜头、微距镜头，而拥有这 4 种镜头才能够满足风景、动物、人像、花草昆虫等题材的拍摄。

许多摄影爱好者为了节省资金的投入而选择购买副厂镜头。目前口碑比较好的副厂镜头厂商有：腾龙、适马、图丽等。比如腾龙的 SP AF90mm F/2.8 Di MACRO1:1 微距镜头，如图 1-2-1 所示，它的售价是人民币 2 700 元。而尼康原厂的 AF-S VR105/2.8G IF-ED 微距镜头，如图 1-2-2 所示，则要人民币 5 800 元。

图1-2-1 腾龙SP AF90mm F/2.8 Di MACRO1:1

图1-2-2 尼康AF-S VR105/2.8G IF-ED

当前比较热销的副厂广角镜头有腾龙 SP AF17-50/2.8 XR Di-II LD，如图 1-2-3 所示。副厂长焦镜头有腾龙 AF70-300mm F/4-5.6 Di LD Macro 1，如图 1-2-4 所示。而适马 18-200mm F3.5-6.3 DC OS HSM 也能够胜任一镜走天下的重担，如图 1-2-5 所示。

图1-2-3 腾龙SP AF17-50/2.8XR DI-II LD

图1-2-4 腾龙AF70-300mm F/4-5.6 DI- LD Mrcro 1

图1-2-5 适马18-200mmF3.5-6.3 DC OS HSM

1.3 数码相机的脚架介绍

脚架是摄影爱好者必备的辅助拍摄工具。在夜景或光线不充足的拍摄条件下，相机需要增加曝光时间以获取完整的数据，快门速度也就降低了。在手持拍摄无法达到画面清晰时，三脚架能够发挥出非常关键的作用，图 1-3-1 所示为手持拍摄的效果，图 1-3-2 所示为使用三脚架辅助拍摄的效果。

图1-3-1 手持拍摄夜景容易模糊

图1-3-2 使用三脚架辅助拍摄可以保证画面清晰

市场上热销的三脚架按照材质可以分为高强塑料材质、合金材质、碳纤维材质等多种。最常见的是铝合金材质的脚架，如图 1-3-3 所示，它的优点是重量轻、坚固。最新式的脚架则使用碳纤维材质制造，如图 1-3-4 所示。它具有比铝合金更好的韧性及重量更轻等优点。常背着脚架外出拍照的人对于脚架的重量都很重视，希望它能越轻越好。

铝合金三脚架相对于碳纤维三脚架要重一点，但使用较重的数码单反相机时，使用铝合金三脚架可以避免相机因头重脚轻被大风吹倒的尴尬场面。

碳纤维三脚架非常轻便，适合旅游远行时携带，但在山顶等风力较强的地方使用时，应该注意保护相机，以免被风吹倒。

图1-3-3 铝合金三脚架

图1-3-4 碳纤维三脚架

专门为拍摄微距设计的三脚架，如图 1-3-5 所示。它重量很轻、便于携带，满足了喜欢使用微距拍摄的摄影爱好者的需求。

图1-3-5 微距专用三脚架及其拍摄效果

独脚架相对于三脚架具有更为灵活的拍摄角度，如图 1-3-6 所示，其缺点是摄影师必须一直扶着相机。

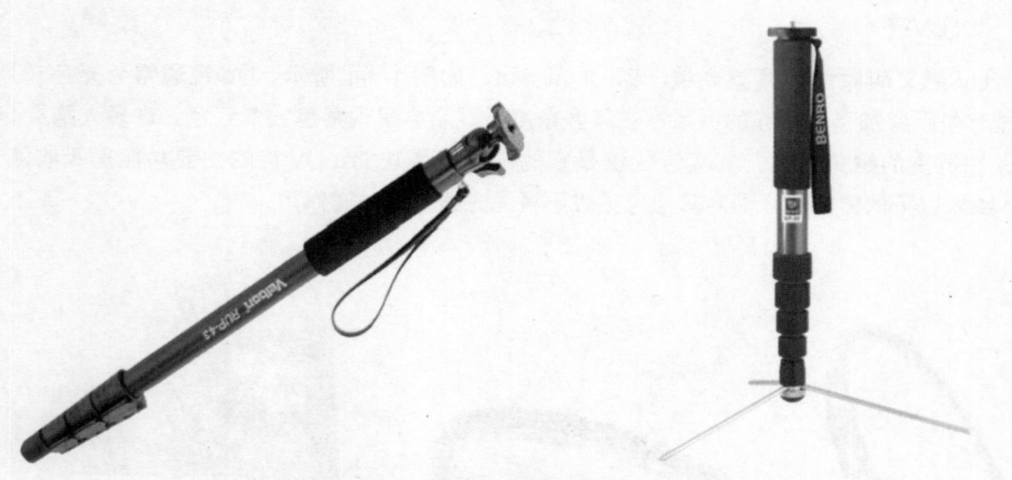

图1-3-6 独脚架

消费级相机的三脚架是定时拍摄不可缺少的利器，如图 1-3-7 所示。而章鱼式的三脚架能更加灵活地选择相机固定的位置，如图 1-3-8 所示。

图1-3-7 消费级相机的三脚架

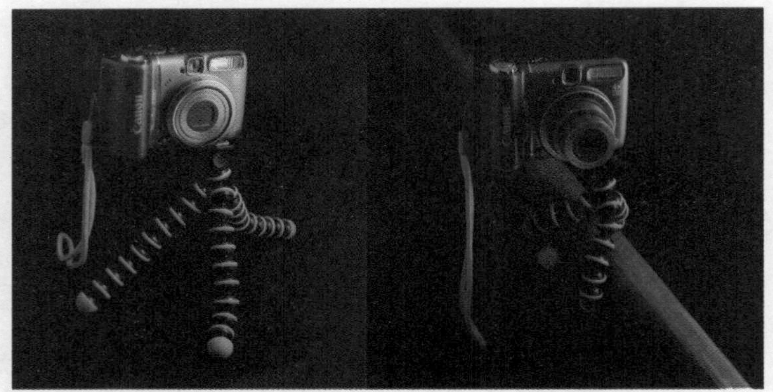

图1-3-8 章鱼式的三脚架使拍摄角度和方式更加灵活

1.4 数码相机配件介绍

数码相机的配件是数码摄影过程中比较重要的辅助工具，下面将着重介绍几种常见的配件，以便于读者了解。

1．UV镜

UV 镜又叫做紫外线滤光镜，即 Ultraviolet，如图 1-4-1 所示。UV 镜通常为无色透明的，不过有些因为加了增透膜的关系，在某些角度下观看会呈现紫色或紫红色。许多人购买 UV 镜来保护娇贵的镜头镀膜，其实这仅仅是它的一项附属功能。UV 镜的主要功能是吸收波长在 400 纳米以下的紫外线，而对其他可见或不可见光线均无过滤作用。

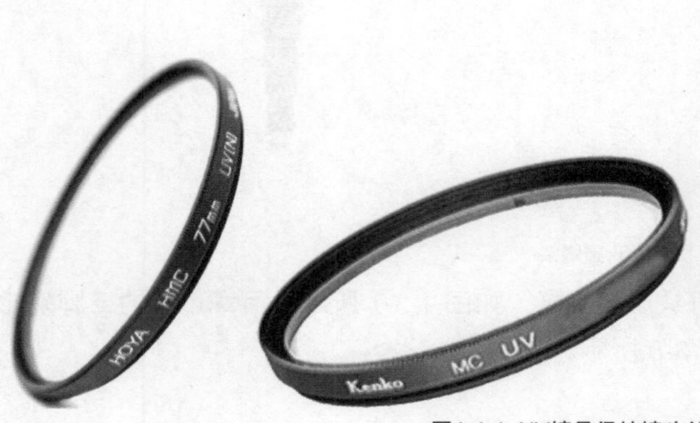

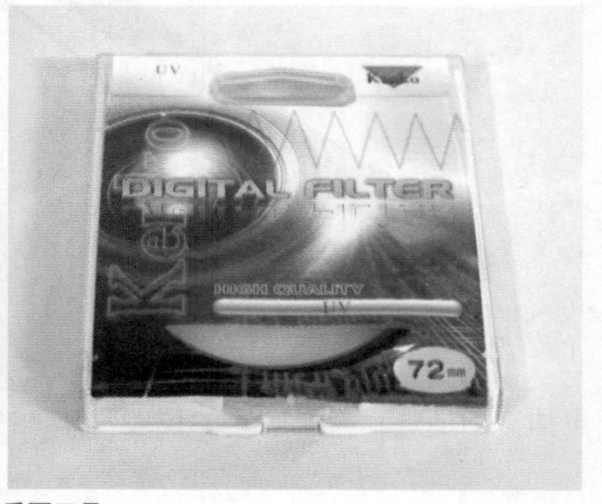

图1-4-1 UV镜是保护镜头的重要工具

2. 偏振镜

偏振镜，也叫偏光镜，简称 PL 镜，是一种滤色镜。偏振镜的出色功用是能有选择地让向某个方向振动的光线通过，在彩色和黑白摄影中常用来消除或减弱非金属表面的强反光，从而消除或减轻光斑。例如，在景物和风光摄影中，常用来表现强反光处的物体的质感，突出玻璃后面的景物，暗化天空和表现蓝天白云等。偏振镜由两片光学玻璃夹着一片有定向作用的微小偏光性质晶体（如云母）组成，如图 1-4-2 所示。图 1-4-3 所示为使用和未使用偏振镜拍摄的照片效果对比，右图使用偏振镜后白云质感增强。

图1-4-2 偏振镜

（a）未使用偏振镜

（b）使用偏振镜

图1-4-3 效果对比

3. 读卡器

读卡器是提取照片时最方便的工具，而且款式各种各样，如图 1-4-4 所示。数码相机存储卡也各异，常用的存储卡为 SD 卡、CF 卡等，因而多合一的读卡器是目前市场的主流。

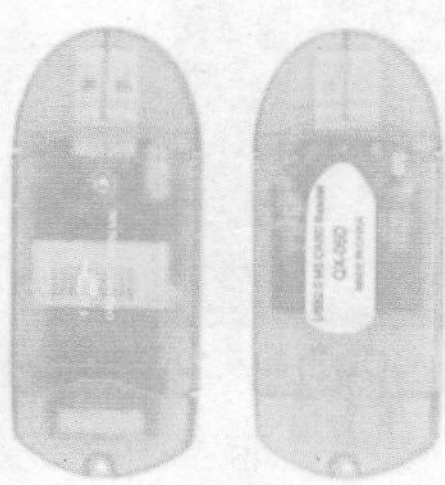
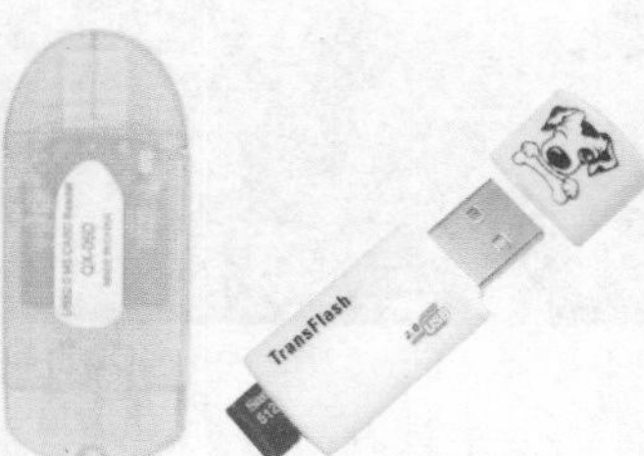

图1-4-4 多种样式的读卡器

4. 相机清洁工具

镜头的清洁、机身的清洁、感光元件的除尘是每个单反用户必须考虑到的问题。常用相机清洁工具如图 1-4-5 所示，其中清洁套装是保证相机清洁的最廉价、最实用的工具。

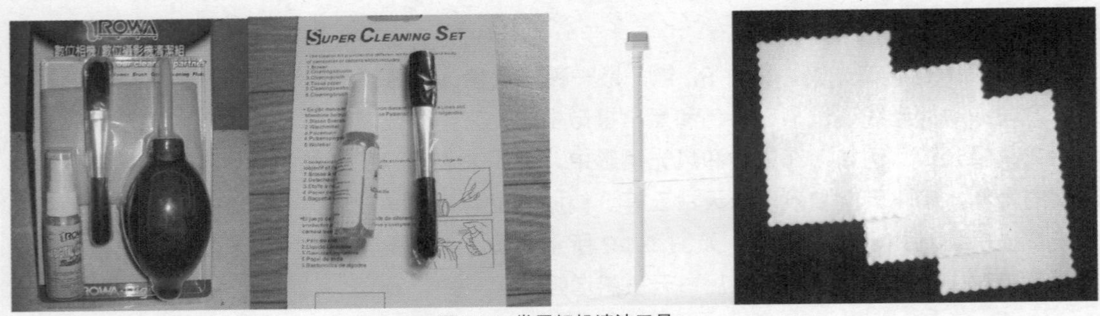

图1-4-5 常用相机清洁工具

相机感光元件的清洁是最需要小心谨慎的操作。图 1-4-6 所示的画面中可以看到有很多黑点，这是由于数码单反相机上的感光元件（CCD 或 CMOS）沾了灰尘所致。

图1-4-6 CCD上的灰尘影响画面效果

常用的感光元件清洁工具有两类，一种是非常有名的“果冻笔”，它是由特殊塑料制成的，以塑料的黏性将灰尘清除，可以重复多次使用。一种是一次性的清洁棒，它的价格相对低廉。感光元件清洁方法如图 1-4-7 所示。

图1-4-7 清洁感光元件

5．相机包

一个结实、耐用的相机包是摄影爱好者必备的东西。它可以用来装相机、存储卡和备用电池。相机包应该首选具有防水性、防震保护、极佳的背带和金属硬件材质的，如图 1-4-8 所示。

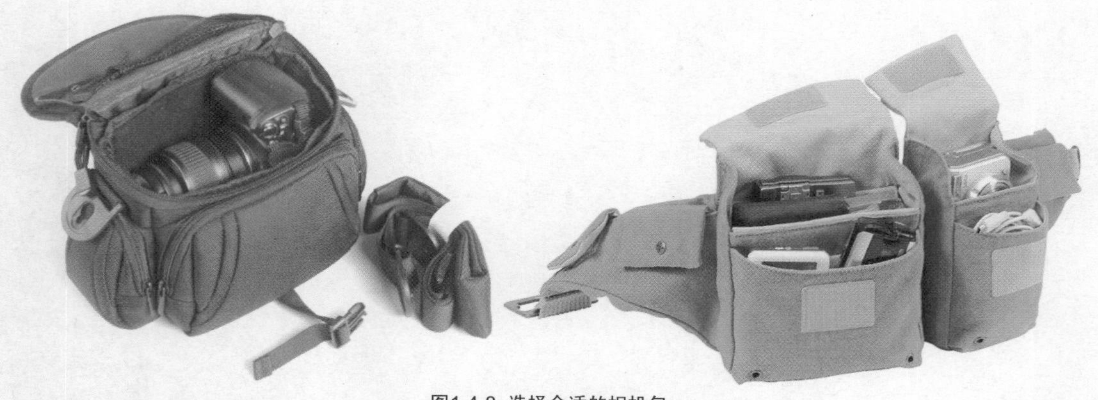

图1-4-8 选择合适的相机包

第2章 摄影爱好者的必备攻略

数码相机是集光学、机械、电子一体化的产品，它集成了光学影像的机械部件和数码信息的转换、存储和传输等部件。摄影爱好者在使用的过程中尽快地了解它的性能和工作方式是刚刚接触数码相机时的必修课。

2.1 如何保证拍出的照片不模糊

现在的数码相机拍出的照片一般都在 800 万像素以上，而数码相机的显示屏像素却普遍在 23 万像素左右，有一些中低端机型的像素甚至不足 10 万，所以它的显示精度远远无法与照片的精度相媲美。现在显示屏的亮度和色彩饱和度都比较高，所以在不放大照片的情况下，拍摄时仅通过相机屏幕很难判断照片是否模糊，如图 2-1-1 所示。

图2-1-1 因为手抖而产生的模糊

在室内拍摄时，自动对焦确认之后，拍出来的照片很多都是模糊的。在快门速度低于 1/50 秒的时候，只能通过打开闪光灯或调高感光度（ISO）来达到快门速度，这样才能保证照片不会模糊，如图 2-1-2 所示。

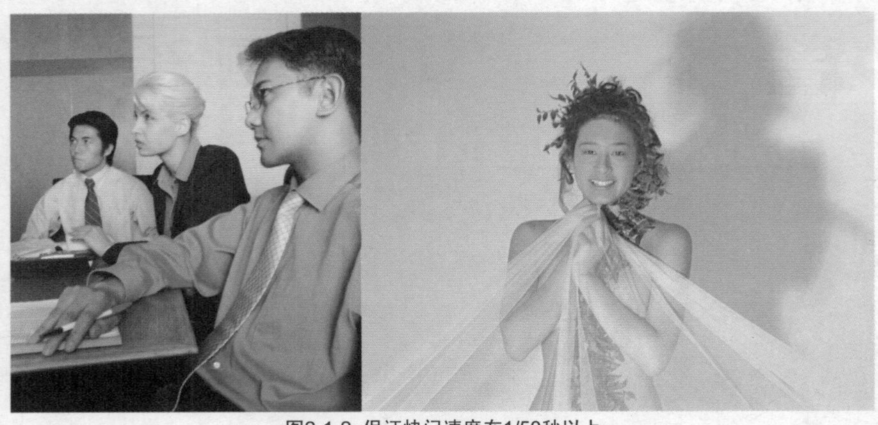

图2-1-2 保证快门速度在1/50秒以上

但是闪光灯和高 ISO 都有各自的局限，有些拍摄场合是不能使用闪光灯的，而高 ISO 产生的噪点对于照片成像和印刷都是致命的缺陷。此外，拍摄时摄影者很难避免手的抖动，所以准备一个三脚架是保证拍摄高质量画面的重要保障，如图 2-1-3 所示。

图2-1-3 使用三脚架可以保证画面的清晰

在没有携带三脚架的时候又怎么办呢？不用着急，因为你可以从周围寻找可以替代三脚架的东西，如图 2-1-4 所示。

图2-1-4 寻找三脚架的替代品

2.2 什么叫快门

快门是指相机内控制曝光量的零件，如图 2-2-1 所示。

图2-2-1 相机快门

快门速度是数码相机快门的重要考察参数，各个不同型号的数码相机的快门速度是完全不一样的，因此在使用某个型号的数码相机来拍摄景物时，一定要先了解其快门速度，因为按快门时只有考虑了快门的启动时间，并且掌握好快门的释放时机，才能捕捉到生动的画面。图 2-2-2 所示分别为高速快门和低速快门拍摄的效果。

图2-2-2 高速和低速快门的效果

2.3 什么叫光圈

光圈是一个用来控制光线透过镜头、进入机身内感光面的光量的装置，它通常是在镜头内。表达光圈大小用 f 值表示。对于已经制造好的镜头，我们不可能随意改变镜头的直径，但是我们可以通过在镜头内部加入多边形或者圆形，并且面积可变的孔状光栅来达到控制镜头通光量，这个装置就叫做光圈，如图 2-3-1 所示。

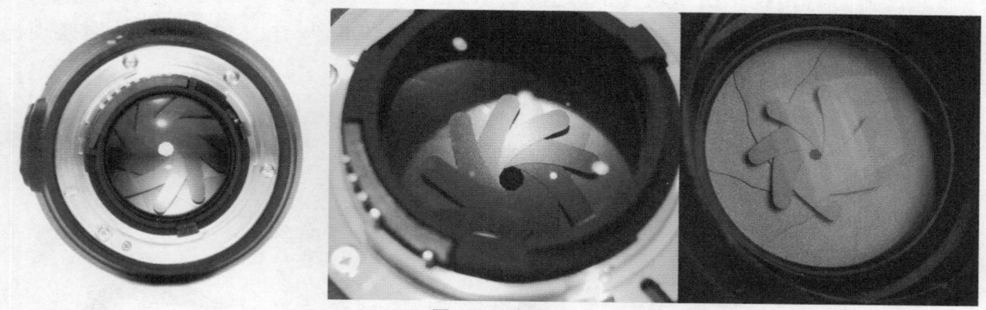

图2-3-1 光圈

光圈在拍摄术语中是指相机使用了多大值的光圈。F2.8 是指光圈的直径为 1/2.8 英寸，F11 是指光圈直径为 1/11 英寸，F 值越大，光圈直径越小进光量越少，F 值越小，光圈直径越大进光量越多，图 2-3-2 为光圈示意图。

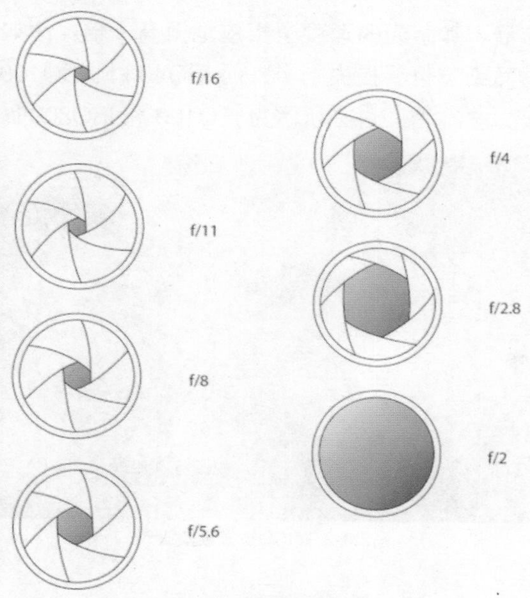

图2-3-2 光圈示意图

2.4 什么叫ISO

ISO 即感光度，它是衡量传统相机所使用的胶片感光速度的国际标准，其反映了胶片感光时的速度。

数码相机并不使用胶片，而是通过感光器件 CCD 或 CMOS 以及相关的电子线路感应入射光线的强弱。为了与传统相机所使用的胶片统一计量单位，才引入了 ISO 的概念。数码相机的 ISO 同样反应了其感光的速度，图 2-4-1 所示分别为 ISO 设置为 100、200、400 时表现出的不同效果。

图2-4-1 ISO可以改变快门速度

ISO 的数值每增加 1 倍，其感光的速度也相应地提高 1 倍。比如 ISO200 比 ISO100 的感光速度提高 1 倍，但是画面细节也要损失 1 半，而 ISO400 比 ISO100 的感光度提高 3 倍同时画面细节损失 1/3，并依此类推。图 2-4-2 所示为 ISO100 和 ISO800 时所表现的细节对比。

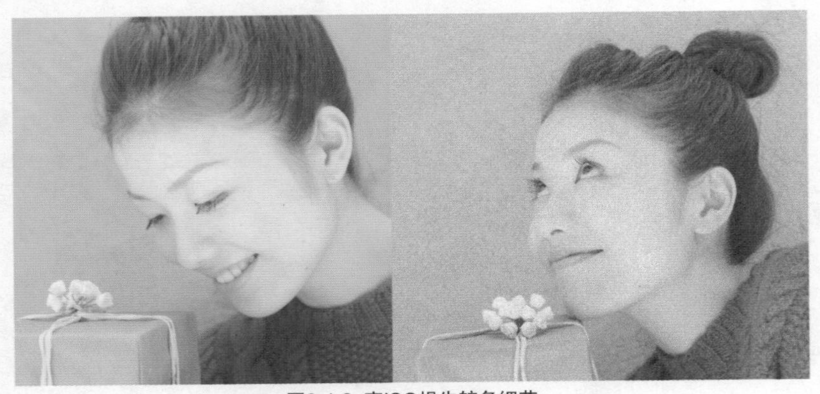

图2-4-2 高ISO损失较多细节

2.5　曝光补偿和闪光补偿

曝光补偿也是一种曝光控制方式，一般常见为 ±2~±3EV。如果环境光源偏暗，则可增加曝光值 (如调整为 +1EV、+2EV) 以突显画面的清晰度。图 2-5-1 中，左图所示是曝光值为 +0.3EV 时的效果，右图所示是曝光值为 -0.3EV 时的效果。

图2-5-1　曝光补偿可以控制照片亮度

闪光补偿和曝光补偿的道理是相同的，在使用闪光灯时也需要因需求而设置闪光灯的强弱。图 2-5-2 中，左图所示为闪光补偿为 +0.7EV 时的效果，右图所示为闪光补偿为 -0.7EV 时的效果。

图2-5-2　闪光补偿也可以控制亮度

2.6 如何产生景深效果

现在不少女孩子会到公园拍一些艺术感较强的照片。照片中背景朦朦胧胧的效果，会让人觉得摄影师非常专业。其实这些照片就是利用了光学景深原理产生的背景虚化效果，如图 2-6-1 所示。

图2-6-1 背景虚化效果

怎样操作才可以产生景深效果呢？其实这与镜头有关，使用光圈值 F1.4~F2.8 进行拍摄的照片都可以达到主体清晰背景虚化的效果，当光圈值大于 F2.8 时背景虚化效果就不明显了。图 2-6-2 中，左图所示为光圈值是 F2.8 时产生的景深虚化效果，右图所示为光圈值是 F8 时场景中所有物体都是清晰的。

图2-6-2 景深效果

除了调整镜头光圈值以外，还可以使用长焦镜头达到虚化背景的目的，当焦段在 150mm 以上时，可以虚化拍摄主体以外的前景或背景，效果如图 2-6-3 所示。

图2-6-3 长焦镜头也能虚化背景

2.7　如何调整到微距

数码相机调整到微距拍摄模式是通过按印有一朵小花的按钮进行切换的，如图 2-7-1 中左图所示。数码单反相机有专门的微距镜头，其表现更为出色，如图 2-7-1 中右图所示。

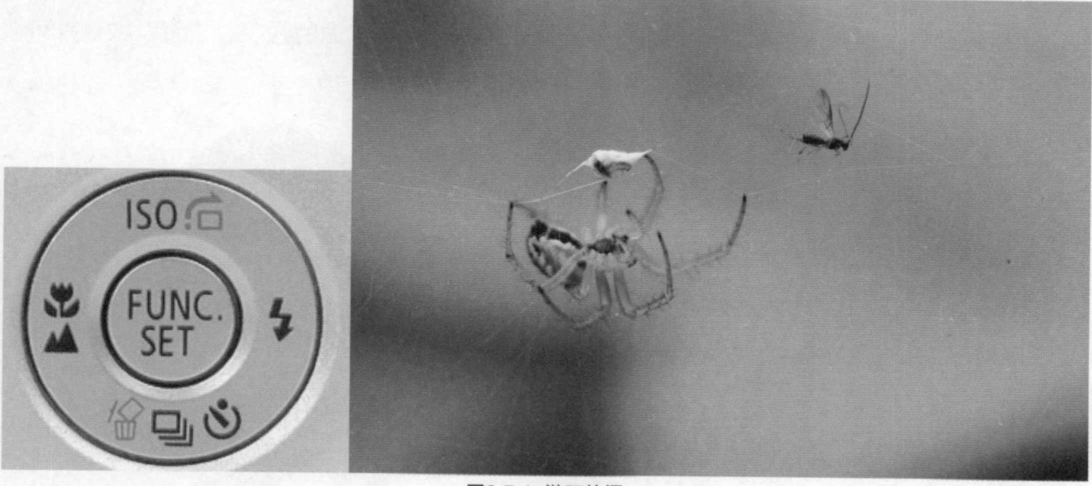

图2-7-1 微距拍摄

2.8 摄影需要的光源

自然光是指晴天太阳的直射光和天空光，阴天、下雨天、下雪天的天空的漫散射光以及月光和星光。自然光的强度和方向是不能由摄影者任意调节和控制的，只能选择和等待。摄影者应注意了解自然光的变化对摄影用光的影响。在拍摄时只能由摄影师或模特自己寻找合适的光线角度，自然光源下的拍摄效果，如图 2-8-1 所示。

图2-8-1 自然光源拍摄效果

人造光源是由室内人像摄影的光线需要发展起来的，人造光源的强度、位置及数量都可以进行人为控制，也不受时间限制，效果如图 2-8-2 所示。

图2-8-2 人造光源拍摄效果

第3章 自然风景的拍摄技巧

中国幅员辽阔使得风景摄影的题材十分广泛，名山大川的壮丽景色、农村田野的诱人风光、城镇建设的崭新面貌、少数民族的风土人情等，为风景摄影提供了取之不尽的丰富素材。作为初学摄影的爱好者应该在拍摄自然风景时注意些什么事项，是本章将讲述的主要内容。

3.1 山景的拍摄

想要拍好山景，可以遵循下面的原则。摄影器材以轻便为宜，可以配备一个广角镜头和一个长焦镜头。这样的组合无论是拍远处耸立的山峰或是拍邻近的岩石峡谷，都能自如应对。

如使用广角镜头拍摄山峰的竖式画面，会使山峰外形的垂直线变成斜线，透视感增强，产生很强的纵深度，使人倍感山峰之高；而若用广角镜头拍山岭的横幅画面，开阔的视野则可把山势连绵起伏的线条表现得淋漓尽致，如图 3-1-1 所示。

长焦镜头能够将远处的景点拉近，如图 3-1-2 所示。

图3-1-1 广角镜头拍摄的效果

图3-1-2 长焦镜头拍摄的效果

拍摄位置也需要认真选择，一般来说拍摄点宜选择最高点，并且以站在此山拍彼山为好。因为若在山谷底下或在山腰中拍摄山峰，山顶是瞧不见的，加之透视变形的结果，使得原先峻峭的山峰会显得既不高也不陡。而要登上邻近山峰的一个高坡拍摄，则可看到整座山雄伟的气势，如图 3-1-3 所示。

图3-1-3 不同的角度拍摄的山势

明亮的天空与深色的树林、岩石组合在一起时，会形成很强烈的反差，造成山峦像剪影、完全没有层次细节。要避免这种现象，曝光时就不能单以天空亮度为曝光依据，还要兼顾暗部景物的亮度，充分考虑到画面中亮部与暗部的反光量对比，选择适中的快门速度进行曝光，可以使天空的细节与山岩的细部层次得以充分地表现。

除了使用增加曝光的方法外，还可以使用滤光镜来降低天空的亮度。另外，随着数码时代图形图像处理软件的多元化，使用软件处理照片的不足是最常用的手法，图 3-1-4 所示为清晨、中午、傍晚三个不同时段光线条件下的正确曝光的拍摄效果。

图3-1-4 学会控制曝光

若有云衬托，可以使画面变得更加漂亮。如果遇上浩瀚的云海则更是幸运。拍摄时要注意处理好云和山峦、树木、建筑等景物的关系。如画面上仅茫茫一片云海，会显得十分单调，可以以深色景观与云海相遮映使色调有所变化。

要注意的是云海亮度高，拍摄时可以按云海亮度曝光，否则汹涌多姿的云海会变成一片苍白，或者找到整个画面的中间调区域进行曝光也是控制明暗平衡的好方法，效果如图 3-1-5 所示。

图3-1-5 拍摄云海时的曝光

想要拍出好照片，摄影爱好者需要付出一定的体力代价。那种站在山下举起相机仰拍的摄影者是很难拍摄出好作品的，因为许多人对这种视觉效果的照片习以为常不再有新鲜的感觉，而如果摄影者站在所要拍摄山峰的同一高度举起相机，镜头里峰峦叠嶂，画面就有了别样的层次感。当摄影者站在山峰之巅向下俯拍，则又会有“一览众山小”的视觉效果，如图 3-1-6 所示。

图3-1-6 俯视拍摄

拍摄时的构图也是表现山川形态的一种手法。横式构图容易表现出山川的雄伟和延伸感，如图 3-1-7 所示。

图3-1-7 横式构图

竖式构图可以表现山川的磅礴气势以及画面的层次感，使用竖式构图要注意使画面构图饱满，如图 3-1-8 所示。

图3-1-8 竖式构图

3.2 水景的拍摄

旅游，人们所到之处不外乎山山水水，大到江河湖海，小至山涧细流，所谓山重水复又一景，因而自然风景摄影中水景的拍摄占有很重要的部分。水景的拍摄大致有：海滩、河流、小溪、湖泊等，如图 3-2-1 所示。下面为大家介绍一些拍摄水景的小技巧。

图3-2-1 水景的表现方法

在海边拍摄风光，海滩上往往显得空旷，摄影者选取画面时要多观察勤思考，适当选择安排前景（礁石、椰树）、中景（行驶在海中的渔船）、远景（天边的云彩）等，如图 3-2-2 所示。

图3-2-2 前、中、远景的表现

在海边取景构图还要注意海平面的平衡，否则照片中抢眼的斜线就会使观者感到别扭，构图应尽量形成如图 3-2-3 所示的平衡感。

图3-2-3 平衡构图

有时因海滩线条缺少变化，摄影者可选择较高位置以海浪或海滩为对角线拍摄，营造出一种视觉效果。构图相对多用横式以表现大海的宽广，要使画面中的沙滩成斜线而海平面保持水平，如图 3-2-4 所示。

图3-2-4 使用对角线拍摄

拍摄山涧小溪时，由于场景小，摄影者可多选择溪水在画面正中或对角线拍摄的构图手法，同时用竖拍以加深画面的纵深感，获得较大的场景效果。拍摄小溪多为信手拈来的小品，故摄影者还要注意用光线和色彩取胜。由于山涧溪流光线较暗，拍摄时应用三脚架稳定相机。拍摄小溪或瀑布，摄影者可用较高的快门速度（如 1/500 秒）以得到清晰的画面，如图 3-2-5 所示。

图3-2-5 高速快门定格水流

也可以用慢速（1~3 秒，具体视水的流速而定）创作出如梦如幻似烟雾一般的流水，如图 3-2-6 所示。如果光线明亮，也可以在镜头前装减光镜，如果摄影者没有减光镜，可采用多次曝光的办法达到同样的效果，只是此种方法要进行曝光值的换算，故不建议初学者使用。

图3-2-6 用慢速快门定格水流

拍摄湖面景色时，由于水面平静如镜，摄影者可注重拍摄水中倒影，表现出湖面的宁静，如图 3-2-7 所示。

图3-2-7 倒影是湖面的主要主题

使用色彩对比的手法可以将单调的溪流画面变得色彩艳丽，在无法进行多角度选景时可以尝试，效果如图 3-2-8 所示。

图3-2-8 选择鲜艳的色彩点缀画面

拥有水下拍摄功能的数码相机越来越受到摄影爱好者的喜爱。对于近距离的拍摄和有背景的远景拍摄有不同的要求，所以选择什么样的拍摄角度是潜水摄影首要考虑的问题，拍摄效果如图 3-2-9 所示。

图3-2-9 水下拍摄的效果

有的仅是水和石头就可以构成水景的拍摄，这时在场景中“删除”多余的景物，通过表现细节来展示主题，效果如图 3-2-10 所示。

图3-2-10 水和石的细节

3.3 雪景的拍摄

拍摄雪景，最好是雪后晴天，如能赶上清晨则光线更好。在阳光下，运用侧光和侧逆光，最能表现雪景的明暗层次和雪粒的透明质感，效果如图 3-3-1 所示。

图3-3-1 运用光线表现雪景

如果要拍摄黑白效果，可以加强相机的对比度设置，最好用偏振镜，以吸收白雪反射的偏振光，降低亮度，调节影调，使雪的质感更为突出，效果如图 3-3-2 所示。

图3-3-2　雪景的黑白效果

正确测光和正确曝光是拍摄雪景照片的关键。在大面积雪景中，用相机内测光系统测光，根据显示的数据拍摄雪景，一般都曝光不足，这是因为相机的内测光表都是以一定的程序进行测光的，它所显示的数据是综合场景中高光部分、中间色调、阴影部分的平均光值。

用照相机内测光系统测光在大多数情况下是可行的，但在雪景中，强烈的反射光往往使测光结果相差 1~2 级曝光量。在这种情况下，可使用曝光补偿，酌情增加 1~2 级曝光量，也可将相机对准中间色调物体，采取局部近测，并按此时测得的数据，将相机调到“手动”位置进行拍摄。

有入射光测光表的摄影者，在雪地里根据照射在被摄物体上的光束测光，按所得曝光数据拍摄，将是比较准确的，效果如图 3-3-3 所示。

图3-3-3　雪景的曝光

拍摄雪景还应充分利用树枝、篱笆墙、建筑物等为前景，提高雪景的表现力，增加画面的空间深度，增强人们对冰雪的视觉感受，效果如图 3-3-4 所示。

图3-3-4 以树作为前景

雪山的拍摄是雪景拍摄中一个重要的主题。因为拍摄雪山都是在高海拔地区，在强烈的阳光下，应该注意控制曝光，效果如图 3-3-5 所示。

图3-3-5 拍摄雪山要注意控制曝光

3.4 车行中的拍摄

车行中的拍摄主要是以四季风景和地域性的景色差异作为拍摄主题，图 3-4-1 所示的照片展示了摄影者在旅途中停车休息时拍摄的四季美景。

图3-4-1　四季美景

摄影者在旅途中除了坐在车里休息，还可以用相机记录旅途进程中的点点滴滴。在车辆行驶中进行拍摄时要学会控制构图，只有这样才可以在极短的时间内抓拍到某个精彩的瞬间，如图 3-4-2 所示。

图3-4-2　车辆行进时拍摄的照片

若以天空的亮度作为测光的参照，在天空和地面反光量对比过大时首先要保证天空的正常曝光，如图 3-4-3 所示，在后期处理中可以对暗部进行针对性调整。这样的操作方式可以防止由于地面曝光正常而天空一片雪白。

图3-4-3 以天空的亮度作为测光的参照

3.5 烟花的拍摄

用一般的夜景拍摄方法很难拍到令人满意的烟花。拍摄烟花时需要考虑到画面的高度、大小，感光度的设定，光圈、快门速度的设定等问题，如果缺乏经验，这些都不好把握。拍摄烟花能够综合考验摄影师的摄影技术、构图意识与预见性。图 3-5-1 所示为烟花拍摄的效果。

图3-5-1 烟花拍摄

拍摄烟花需要将相机设置为手动模式，这样能够方便调整光圈和快门以便于捕捉不同的效果，如图 3-5-2 所示。

图3-5-2 手动模式拍摄烟花

最难控制的是曝光组合——光圈和快门的设定。烟花从升起到绽放再到消失一般需要 5 秒左右，而最美丽的应该是前 3 秒的时间。拍摄时将曝光时间设置在 0.5~2 秒就可以了。图 3-5-3 所示为低速快门拍摄的效果。

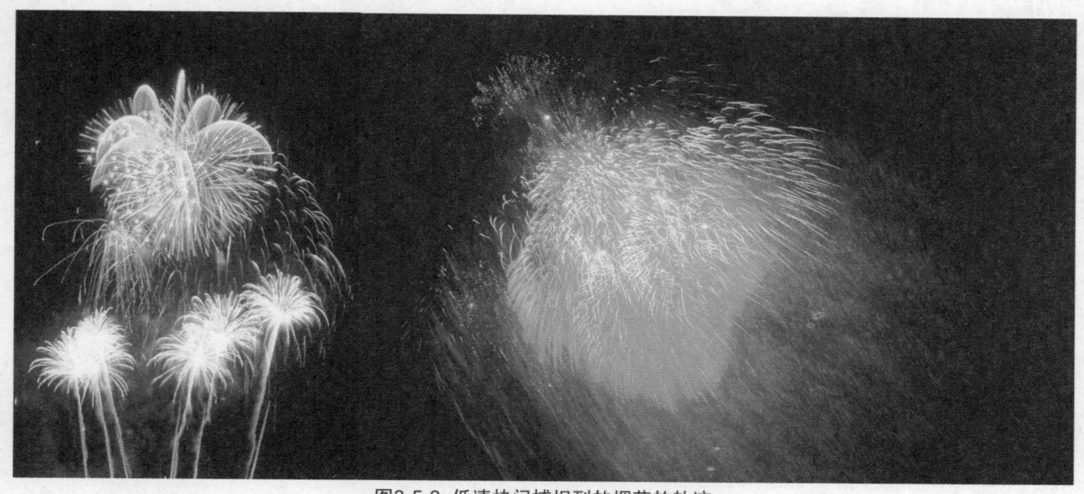

图3-5-3 低速快门捕捉到的烟花的轨迹

第4章 数码人像的拍摄技巧

人像摄影的目的就是把人拍美，所以摄影者一定要在被摄人物的脸型气质等都达到最美时再拍摄，不然的话勉强拍了效果也不好。如何修饰被拍摄对象，是对摄影者的一个考验，什么时候要拍出反差，表现皮肤的质感，什么时候要较少反差掩盖皮肤的缺陷，都需要有长期观察和思考的经验积累才能准确做出判断。

4.1 室内人像的拍摄

室内人像摄影是以记录真实生活为主要目的，围绕着被摄者和环境讲故事。很多摄影爱好者都非常喜爱这种拍摄题材。它不仅仅是简单地将人物和事件永久地定格，多年以后能够从照片中解读往事才是最主要的原因。室内人像拍摄，如图 4-1-1 所示。

图4-1-1 室内人像拍摄

室内弱光下拍摄时需要注意光线的强度是否能够满足 1/50 秒的快门速度，如图 4-1-2 所示，否则需要考虑调整光线强度或将相机的 ISO 调高。

图4-1-2 室内拍摄需保持1/50以上的快门速度

在室内进行拍摄可以选择的场景并不多，这种情况下为了保证一组照片不单调，摄影师需要选择从不同的视角、位置进行拍摄，如图 4-1-3 所示。

图4-1-3 选择不同的角度避免单调

在室内光线柔和亮度适宜的时候进行肖像拍摄是个不错的选择。拍摄时观察光线的角度，利用光线表现画面效果，如图 4-1-4 所示。

图4-1-4 肖像特写

在每组照片中添加几张局部特写可以为整组照片增加灵活细致的感觉。在选择拍摄主体的时候可以找有特点的，也可以找一些不为人们所注意的地方，如图 4-1-5 所示。

图4-1-5 局部特写

使用摄影灯作为室内主光源能够表现出艺术般的质感。摄影灯的灯光位置没有严格的要求，摄影师可以灵活地控制光线的方向，拍摄效果如图 4-1-6 所示。

图4-1-6 摄影灯表现的艺术效果

单只摄影灯的拍摄一般是在模特的正面或侧面打光，单灯能够表现出人物皮肤的高光和暗部，如图 4-1-7 所示。

图4-1-7 单灯表现的质感

使用多灯布光可以按照摄影师的想法控制光线。多只灯头进行布光便于安排将被摄者与背景融为一体或是分开，也便于表现更多细节，如图 4-1-8 所示。

图4-1-8 多灯表现更多细节

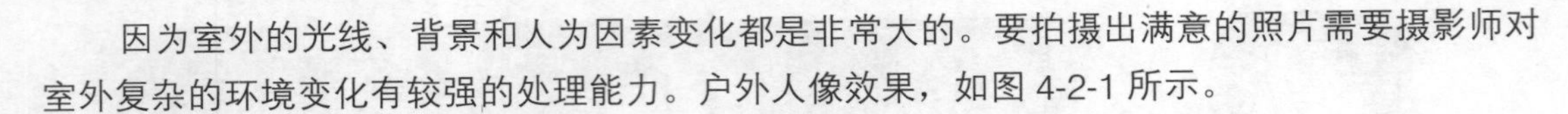

4.2 户外人像的拍摄

因为室外的光线、背景和人为因素变化都是非常大的。要拍摄出满意的照片需要摄影师对室外复杂的环境变化有较强的处理能力。户外人像效果，如图 4-2-1 所示。

图4-2-1 户外人像

顺光拍摄可以表现人像身体的暗部，但是在阳光过于强烈的时候也会导致曝光过度，这种用光方式适合拍摄穿着色彩对比强烈的衣服的模特，如图 4-2-2 所示。

图4-2-2 顺光拍摄

侧光可以明显地表现出人物皮肤的质感，侧光拍摄也是户外人像拍摄中最常用的一种手法，拍摄效果如图 4-2-3 所示。

图4-2-3 侧光拍摄

逆光是最难控制的拍摄手法，也是用得相对较少的，但是很多摄影师喜欢用逆光表现模特的身体轮廓或隐去背景，效果如图 4-2-4 所示。

图4-2-4 逆光拍摄

4.3 纪实人像的拍摄

纪实人像必须用心去观察周围的人和事，注意细节的刻画，用敏锐的思维随时对周围发生的人或事做出迅速地判断和反应，并用相机记录下来，做到眼到手到，拍摄效果如图 4-3-1 所示。

图4-3-1 纪实人像拍摄

在拍摄的时候故意让画面产生模糊效果也是纪实人像拍摄常用的一种表现手法。昏暗的拍摄场景加上抖动的模糊会产生朦胧感，如图 4-3-2 所示。

图4-3-2 模糊效果

虚化背景或画面主题更容易使观众产生想像力，大光圈为画面带来更多的想像空间，如图 4-3-3 所示。

图4-3-3 利用大光圈产生虚化

抓拍是纪实人像拍摄的重要手法。很多真实、有趣、引人深思的画面主题都是通过抓拍实现的，如图 4-3-4 所示。

图4-3-4 抓拍瞬间

4.4 另类人像的拍摄

另类人像摄影的特点是个性化，摄影师和模特都可以借此发挥自己无尽的想象力，如图 4-4-1 所示。

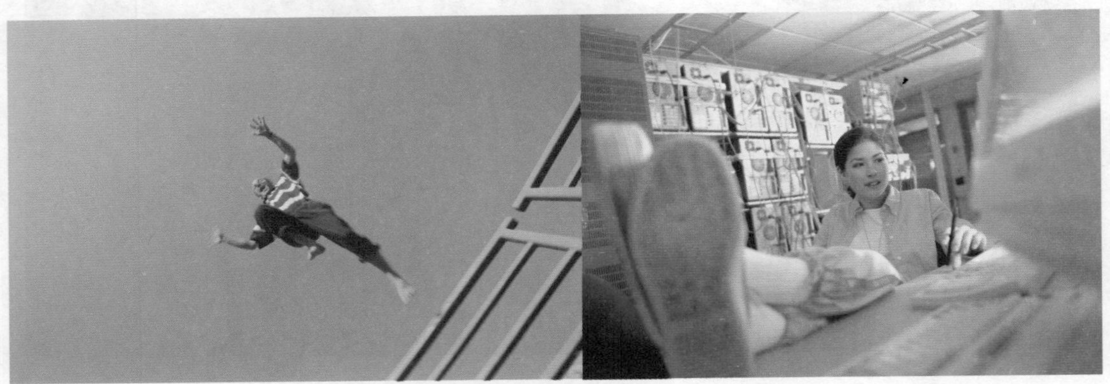

图4-4-1 另类人像的拍摄

拍摄时可以利用现有的道具作为创意元素，如图 4-4-2 中左图的人物站在石刻的云彩上，模仿齐天大圣做飞行的动作。

图4-4-2 简单的创意效果

使用道具时可以多思考一下，稍稍地改变一下道具的使用方式也可以达到充满趣味的效果，如图 4-4-3 所示。

图4-4-3 改变道具的使用方法

4.5 拍摄儿童的技巧

给 0~2 岁的孩子拍摄时应该避免使用闪光灯，因为闪光灯的强度会对孩子的眼睛造成伤害，应在自然光线充足的时候进行拍摄，如图 4-5-1 所示。

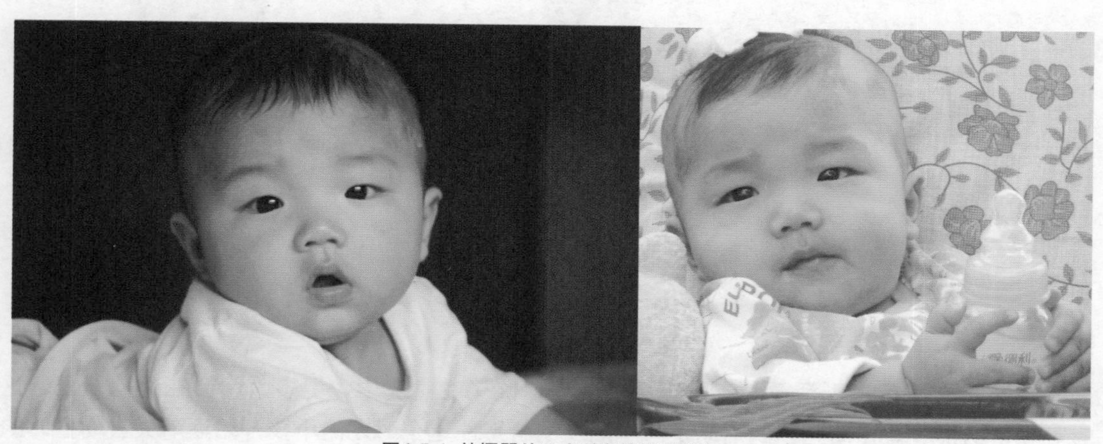

图4-5-1 拍摄婴幼儿应避免使用闪光灯

3~5 岁大的儿童会跑、会交谈，并且可能给周围的人制造麻烦。他们也学会了对着相机笑，摆出调皮的表情，所以找准拍摄时机是摄影师需要考虑的问题，如图 4-5-2 所示。

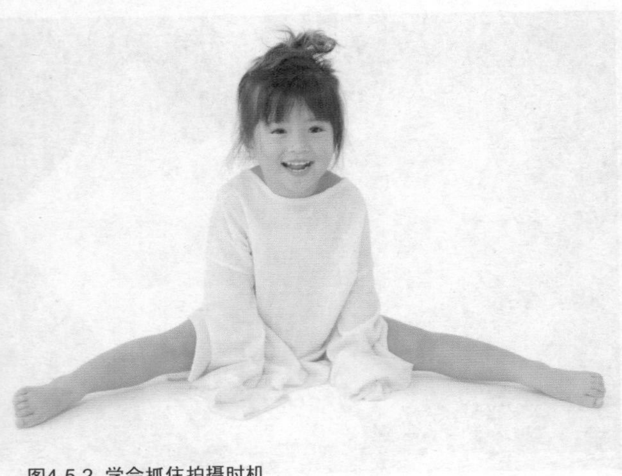

图4-5-2 学会抓住拍摄时机

玩是小孩子的天性，因此可以拍摄很多不同的照片。拍摄儿童时，最好在和他们玩游戏的过程中进行拍摄，如图 4-5-3 所示，而不是尝试让他们做什么。

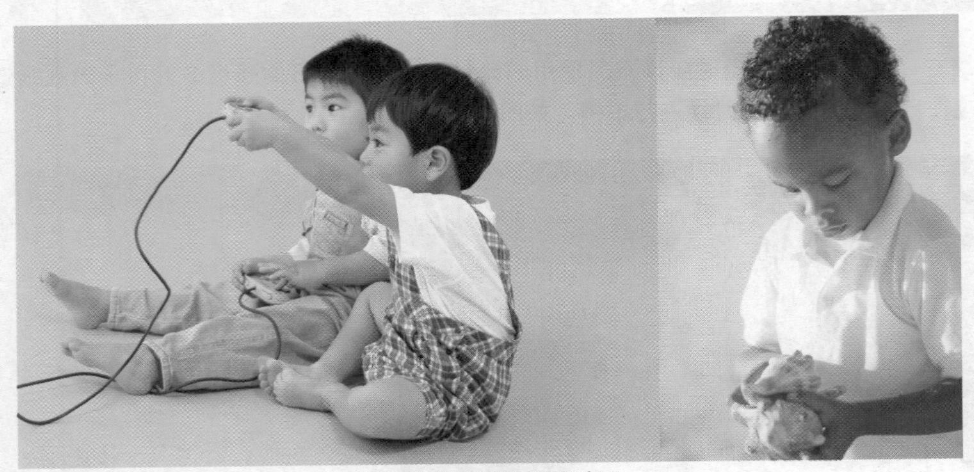

图4-5-3 玩耍是最真实的表现

小孩在 3 岁后，生活重心有了很大的改变，除了在家庭中，更多时间会在幼儿园里。这时可以多拍摄一些在幼儿园的活动及与小朋友的合影。这个时期的小孩开始逐渐失去幼童时的天真，变得“老成”起来，可以适当进行一些“摆拍”，如图 4-5-4 所示。

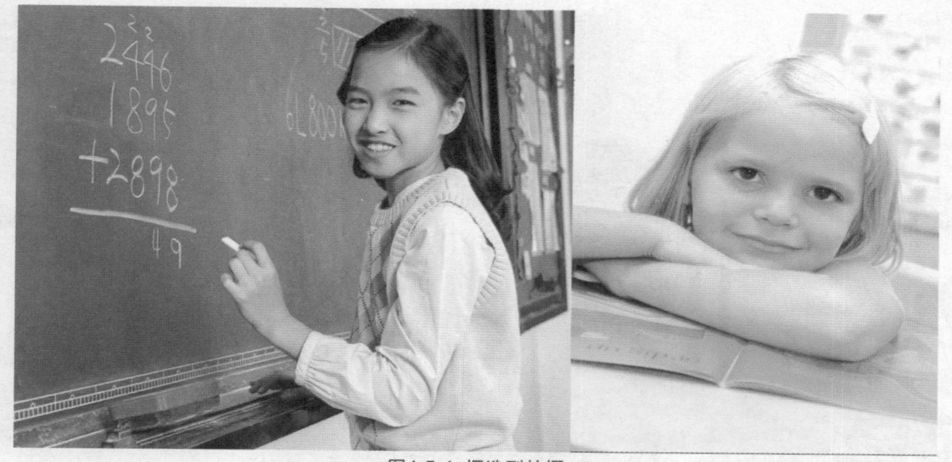

图4-5-4 摆造型拍摄

4.6 拍摄老人的技巧

拍摄老人时更要注意神态，如老人与友人恳谈时的愉快神情以及开怀大笑时的表情等等，都是抓拍的极好时机。这样拍得的老人照片往往显得真实，如图 4-6-1 所示。

图4-6-1 注意表现老人的神态

用照片表现出老人内心的感受是拍摄老人时需要认真思考的一个重点。可以用老人的身体动态、表情以及环境衬托出照片中的故事，如图 4-6-2 所示。

图4-6-2 照片中的故事

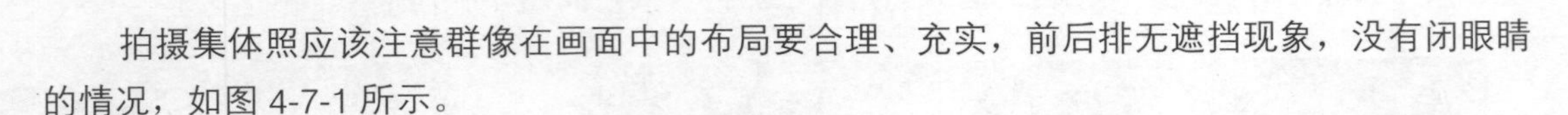

4.7 集体照拍摄技巧

拍摄集体照应该注意群像在画面中的布局要合理、充实，前后排无遮挡现象，没有闭眼睛的情况，如图 4-7-1 所示。

图4-7-1 最常见的集体照方式

使用不同的角度和排列方式进行集体照的拍摄可以使画面表现出轻松与活力，在不严谨的休闲场合最为适用，如图 4-7-2 所示。

图4-7-2 随意的拍摄方式

第5章 魅力城市的拍摄技巧

旅行必经城市，许多摄影者喜爱拍摄那些雄伟的城市建筑、亮丽的城市林荫、匆忙的城市节奏等为主题的城市风景。对于拍摄者来说，拍摄建筑的方便之处在于可以从容构图，选择不同的视角，充分展现自我的审美能力。初学摄影的人，以城市建筑作为学习的第一步是最为合适的选择。

5.1 阴天的城市

夏季阳光充足，骄阳四射。这个时节是拍摄城市的好季节。阳光下拍摄到的具有光感的建筑物其立体感是其他天气下所无法获得的。但是一些地区由于气候原因，常常天气突变，电闪雷鸣，尤其是南部城市，经常会遭遇到阴雨连绵的天气，如图 5-1-1 所示。

图5-1-1 阴天的城市

如何在阴天拍摄出好的摄影作品呢。由于光线过暗，经常会遇到两个问题：一个是光线较暗，导致快门速度降低；另一个是光线较暗导致色彩还原不良，拍出的照片颜色不漂亮。阴天摄影时为防止手抖可以使用三脚架。一般来说，拍摄不动的建筑物可用三脚架，效果如图 5-1-2 所示。

图5-1-2 使用固定三脚架拍摄阴天

另外，也可以设置高感光度参数来提高快门速度，防止手抖。抓拍时也可设置高感光度来满足快速拍照的情况，效果如图 5-1-3 所示。

图5-1-3 阴天抓拍城市中奔走的人群

到底用哪一种方法，要根据当时具体情况来决定。两种方法各有所长。使用三脚架摄影范围会受到限制，而且有时即便使用三脚架也不能完全避免因被摄体运动而影响拍摄效果，如图 5-1-4 所示。

图5-1-4 阴天用三脚架拍摄移动物体

设置高感光度也有其不足之处，高感光度的图像，成像不太细腻，如图 5-1-5 所示。

图5-1-5 阴天用高感光度拍摄噪点很多

阴天时怎么使用闪光灯呢。要解决由于阴天光量不足所导致的色彩还原不良，还有一个方法，即拍摄时使用闪光灯。闪光灯的光线性质与阳光差不多，能使色彩还原正常。但是，使用闪光灯摄影只适合拍摄离相机比较近的被摄体，如图 5-1-6 所示，而不适合拍摄闪光灯光量达不到的远处的被摄体。

图5-1-6 阴天使用闪光灯拍摄城市近物

夏天多雨，雨水是数码相机的大敌。当相机被雨水淋湿时，要用事先准备好的干毛巾擦拭干净。特别要注意变焦镜头，一定要使变焦镜头镜筒处于全拉出来的状态下再擦拭干净，否则水分会渗入镜头内。另外，擦拭干净的镜头不要立刻从机身上拆下，否则机身镜头接口处容易进水，要等镜头机身完全干燥之后再拆卸镜头。

5.2 晴天的城市

要拍摄出非常优秀的城市风景，也需要讲究技巧。拍摄晴天的城市，要善于运用光线。晴天光线一般分为以下几种。从相机后面射向拍摄对象的光叫顺光，如图 5-2-1 所示。

图5-2-1 顺光拍摄晴天的城市

相反，从拍摄对象的后面射向相机的光线叫逆光，如图 5-2-2 所示。

图5-2-2 逆光拍摄晴天的城市

从相机和拍摄对象的侧面射过来的光线叫做半逆光或侧光。在逆光或半逆光情况下拍摄时，其光与影的对比会使拍摄对象产生一种立体感，而夕阳西下时的光线刚好是半逆光。通常顺光时画面的风景影像会显得非常平，缺乏立体感，在逆光或半逆光时画面便会变得很生动，如图 5-2-3 所示。

图5-2-3 侧光拍摄晴天的城市

晴天拍摄城市风光要处理好光线，尤其需要使画面布光均匀，这样拍摄出来的作品就会更好看，如图 5-2-4 所示。

图5-2-4 合理处理光线

5.3 城市特色建筑物

城市里的题材非常广泛，具有现代化水平的林立的高楼大厦、繁华路口的交叉式或旋转式立交桥，大型体育场，游乐场，等等。在拍摄时，要做到从宏观着眼，在“新”字上下功夫。有时只需改变拍摄角度，就可以获得不同的艺术效果，如图 5-3-1 所示。

图5-3-1 城市特色题材

图5-3-1 城市特色题材（续）

在拍摄现代化的城市建筑中，被摄对象稳定不动，可以长时间曝光，还可以改变摄影角度，灵活运用摄影手段表现摄影对象，如图 5-3-2 所示。

图5-3-2 使用长时间曝光

如不具有镜头可移动的专业的相机，可以使用广角镜头拍摄，改变透视效果，抑制仰摄时造成的变形，如图 5-3-3 所示。

图5-3-3 使用广角镜头仰摄

5.4 黑白色的城市氛围

在被摄影的范围内，如果希望将黑白的细节表现到位，测光的时候可以选择中间调的色彩进行测光。以此为标准设置的光圈一定可以把亮部和暗部的细节表现得很到位，如图 5-4-1 所示。

图5-4-1 黑白细节表现到位的城市风光

拍摄的时候，首先根据拍摄意图，确定所要的中间调（即所谓的 18% 灰，也就是相机测光的计算依据）在何处，然后再对画面需要保留细节的最亮处和最暗处点测，看其亮度是否超出表现范围。如果超出了，就需要另想办法。比如逆光人像雕塑，如果以人面部测光为准，背景高光必然严重过亮，如果需要高光有细节，就必须提高人面部亮度以缩小整个画面的亮度差。通常我们可以用闪光灯补光或者反光板补光，效果如图 5-4-2 所示。

图5-4-2 测光合理的黑白雕塑照

拍摄的时候，我们常常遇到这样的情况：很亮的光线加上美丽的建筑，人眼看起来非常美，可拍回来的照片要不就是蓝天白云，下面一片漆黑，要不就是只有建筑，天空一片死白，这是典型的由于实际景物亮度超出感光材料 CCD 宽容度所导致的问题，如图 5-4-3 所示。

图5-4-3 比较差的拍摄效果

传统的解决方法是加偏振镜或者中灰渐变镜，减掉一部分天空的亮度，缩小亮度范围，使成像亮度在可表现范围内，如图 5-4-4 所示。另一种方法就是拍两张照片，一张以天空曝光为准，一张以地面曝光为准，然后在 Photoshop 中将两张合成。但要注意此办法最好用三角架以保证两张照片拍摄的位置不改变，否则在后期合成中会很麻烦。

图5-4-4 正常的拍摄效果

黑白摄影中的曝光问题也是常见问题。由于黑白摄影没有色彩的因素，完全靠亮度变化来表达，因此黑、白、灰的组成在一张照片上都是必不可少的，除了构成影调的变化外，不同亮度的线条、面积也是画面构成的核心要素，而且黑、白、灰在很多情况下也是相互对比表现出来的。因此在拍摄黑白照片时，更需要准确了解画面上的亮度构成与对比关系，根据创作意图来确定曝光组合，效果如图 5-4-5 所示。

图5-4-5 曝光合理的黑白照片

黑白摄影特别需要注意的是一些在人眼中看起来差别很大的东西，在黑白世界中却难以区分，比如红花绿叶，在彩色世界里对比非常鲜明，但在黑白条件下，都表现为灰，而且亮度相差很小。因此在拍摄时，如果要表现红花绿叶的差别，就需要采用滤色镜。用数码相机拍摄的彩色照片可以利用照片处理软件，通过选取红色通道，丢弃其他通道，再转为黑白照片的办法，效果如图 5-4-6 所示。

图5-4-6 彩色照片保留红色通道转化为黑白效果

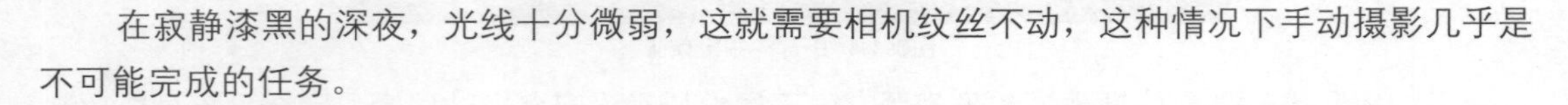

5.5 城市的夜景效果

在寂静漆黑的深夜，光线十分微弱，这就需要相机纹丝不动，这种情况下手动摄影几乎是不可能完成的任务。

1．夜景拍摄前的准备

首先在摄影包里装一些橡皮筋，可以在曝光过程中把相机背带、快门线绑到三脚架上，以免它们在风中飘舞，影响拍摄。其次，必须使用三脚架。再次，尽量使用快门线或遥控器，没有这些工具的帮助，也可以使用自拍功能，这样可以避免相机的晃动。最后，数码单反相机尽可能开启反光板预升功能，可以避免反光板抬起时的轻微震动，拍摄效果如图 5-5-1 所示。

图5-5-1 城市中的夜景效果

2. 夜景拍摄五点要素

夜景拍摄要注意五点要素。

（1）选取的景物线条装饰性要强，色彩要明快。夜景的审美表现，是以色彩和线条流畅为核心的。拍摄夜景与一般城市摄影的区别在于，城市摄影的精髓在于发现，也就是在变化万千的城市建筑中，摄影师要以独到的眼光发现美，而夜景摄影是在已有的景物中进行选择和提炼。夜景拍摄选取的景物线条、造型、色彩等都要吸引人的视线和表现出美的要素，如图 5-5-2 所示。

图5-5-2 线条装饰性强色彩明快的夜景作品

图5-5-2 线条装饰性强色彩明快的夜景作品（续）

（2）在繁杂的景物中，提炼主题。拍摄夜景往往会被眼前五彩缤纷的景色所迷惑，而求多、求全，这时要保持头脑冷静，有取舍地选择那些可以形成出色图像的景色，尤其要避免把一些看上去五颜六色，却又没有实际内容的东西拍进画面，对比效果如图 5-5-3 和 5-5-4 所示。

图5-5-3 杂乱且无重点的夜景作品

图5-5-4 有重点的夜景作品

（3）要善于掌握色温的变化。夜景照明的色温千变万化，由于人眼对色温的适应性很强，往往会造成视觉假象。这时，要充分考虑到被拍摄景物的实际色温，把握好最终的图像色彩效果。

（4）恰当使用多次曝光。进行多次曝光的夜景拍摄时，事先要做周密的安排，甚至进行试拍，确定最佳的多次曝光组合。对初学摄影的人来说，多次曝光拍摄的原则是宜简不宜繁，曝光次数越少，拍摄失败的几率越小。

（5）合理使用效果镜。要根据创意的需要，恰当选用效果镜，效果镜用得好且合理会为照片增色，反之则会画蛇添足。

5.6 城市建筑的拍摄技巧

由于建筑物具有不可移动性，选好拍摄点对取景构图就尤为重要。拍摄点应有利于表现建筑的空间、层次和环境。空间是建筑摄影作品的主体，层次是表现空间的变化和深度，而环境则不仅为了衬托建筑，创造一种气氛，其本身就是建筑摄影作品中一个不可缺少的组成部分，如图 5-6-1 所示。

图5-6-1 城市建筑取景构图应具备空间感

选择合适的焦距。使用不同的焦距拍摄建筑物，所产生的影像效果不同。以广角变焦镜头为标准，焦距越长，透视感越差，如图 5-6-2 所示。相反，镜头焦距越短，建筑物变形越大，但透视效果好，画面的纵深感也能得到较好地表现，同时还能获得大范围的清晰度，这种镜头适合风景、大型建筑、较小空间内的拍摄，如图 5-6-3 所示。

图5-6-2 长焦距透视感差

图5-6-3 短焦距透视感好

取景的方法。优秀的建筑或建筑群必然具有优美的建筑环境。在拍摄都市建筑时还应特别注意避开与主题无关的邻近建筑、电线、广告牌等物的干扰，寻找能充分表现建筑的拍摄点，以获得满意的构图效果。

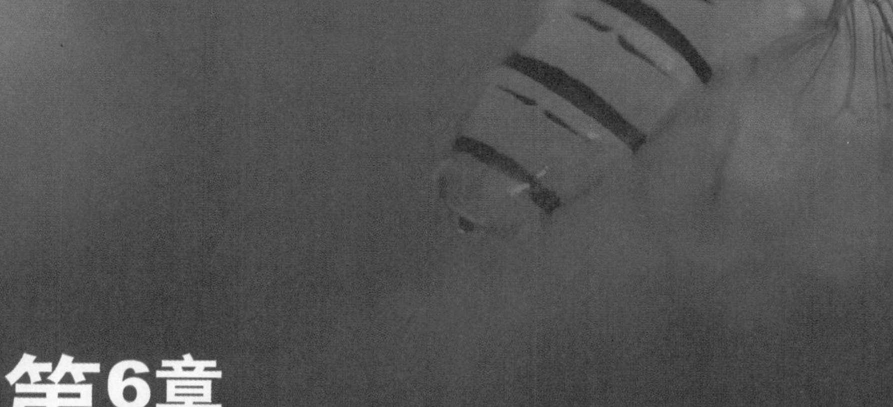

第6章 动植物的拍摄技巧

大自然不仅孕育了人类，与我们生存于同一世界的还有其他动物，如家畜、野生动物，还有各种植物，如小草、花朵，还有各种昆虫，如蜘蛛、蝴蝶。各种自然物种和谐地生存在同一片天空下，丰富多彩的动植物类型让大自然无比美丽。本章将从摄影的角度介绍如何拍摄出各种生物的美丽之处。

6.1 拍摄前的准备

户外拍摄工作需要做好很充分的准备，否则糟糕的天气，突发的事件都会让摄影爱好者们错失很多拍出好照片的良机。所以一次成功的户外摄影，至少需要做好以下两个方面准备：

（1）对要进行摄影的地方做一些调查，如历史，地质，天气特点。这样可以做到有先见之明，事事有准备有把握。如太阳光照多的地方，带上偏正镜，天空细节会拍得更漂亮。多雨的地方，带上防水相机包，可以保护心爱的相机不受损坏，诸如此类。一些必要装备如图 6-1-1 所示。

图6-1-1 防水包，偏正镜，防晒霜

（2）对当地的动植物特点进行了解并带上齐全的镜头装备，如微距镜头，广角镜头，长焦镜头，如图 6-1-2 所示，以便随时根据情况更换相应的镜头。花卉等植物还可以静静地等待着你的挑选，一直保持姿势等待你的创作。但是动物们就没那么听话了，需要摄影者本身具备足够熟练的抓拍技术。

图6-1-2 镜头装备

6.2　寻找拍摄的对象

摄影师是在哪里又是怎么找到这些拍摄对象的？需要注意些什么，才能拍出令人印象深刻的精彩照片呢？要发现风景其实并不难，“只要留心，处处皆风景。”一张好照片并不完全受摄影器材的限制，相反，它更多的是想象、快速反应和直觉的结果，如图 6-2-1 所示。

图6-2-1 美丽的植物

好创意带来好照片，但是前提是需要寻找有大量的动植物生长和出没的地方。建议向往户外拍摄的朋友，最好先与户外旅游组织有一些接触，专家的一些建议往往有助于你选择一些可以拍到独特动植物照片的地方。 若需要找到更多有利于拍摄的地方，还可以在网络上多查阅一些资料。有详尽介绍的旅行指南也许能有助于拍到难得一见的野外的动物，如图 6-2-2 所示。

图6-2-2 野外的动物

需要提醒的是，在南方和靠近赤道的有些地区，白天特别短，因而能够拍照的时间也就比较少，摄影者应该提早准备，以便拍摄出精彩的动植物作品。

6.3 动物的拍摄技巧

不同的动物需要采取不同的拍摄方式，如图 6-3-1 所示。

图6-3-1 拍摄不同的动物

有的动物非常小，拍摄的时候需要尽量靠近它们，用微距镜头拍摄会利于表现细节。对于庞大又凶猛的动物，应选择一个长焦镜头，这样可以保证有拍摄的安全距离。长焦镜头体积大，携带不方便。所以如果只想拍摄一些在室外活动的动物，就没必要带一个光圈为 F2.8 的庞大的镜头，带一个光圈为 F4 的镜头会轻巧很多，携带也更方便。

由于在野外常常会被一些很小的动物吸引视线，如图 6-3-2 所示，所以得事先准备着合适的镜头，建议可以带一个 100 毫米的中长焦镜头。

图6-3-2 小动物的拍摄

拍摄动物，需要接近动物的时候一定要非常小心，了解不同动物的习性和特点也是非常必要的。通常，动物是不会让人靠它们太近的，它们的防护意识很强，一旦它们感觉到你的靠近会对它们产生威胁的时候，很可能会攻击你。这一点一定要加以小心。在接近它们的时候脚步一定要很轻，很小心。另外尽量减小数码单反相机马达的驱动声，这种声音可能会吓跑它们。近距离拍摄的动物，效果如图 6-3-3 所示。

图6-3-3 近距离拍摄的动物

拍摄动物也不一定非得去野外，在动物园里也可以拍摄它们。不过这时候就要费尽心思使画面中的动物不像是被关在笼子里。有的动物园可以提供模拟动物的原始生活环境，这对于拍摄动物非常有利。在这里动物不会受到很多人为的限制，便于拍摄动物们的“肖像”。拍摄的时候，凭自己的想象，可以拍摄出动物的不同表情，如图 6-3-4 所示。

图6-3-4 公园里拍动物

拍摄动物有很多要领，简言之最重要的是要有足够的耐心。当发现一只动物的时候，最好一直跟着它，尽所能去拍摄，直到它从你身边逃走，或者最终拍摄到如图 6-3-5 所示的满意的照片为止。

图6-3-5 追踪动物拍摄，直到效果满意

6.4 植物的拍摄技巧

最迷人的图案与结构来自于那些开花的植物。数码相机这个强有力的工具能为我们展示植物世界中那些人眼看不见的细节，如图 6-4-1 所示。

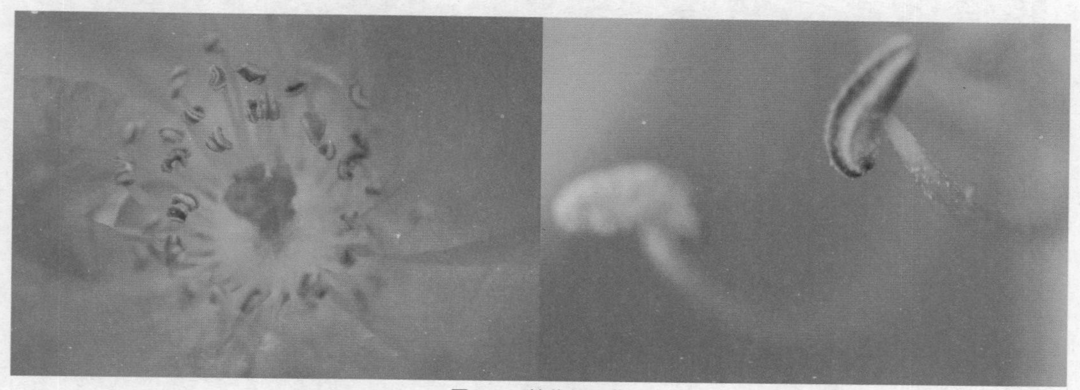

图6-4-1 植物的细节

在街边花园、公园、牧场和森林中都生长着许多植物这些都可以成为拍摄的对象。作为摄影爱好者，还不妨从自己的家中开始摄影最为普通的植物，寻找其中的独特之处，如图 6-4-2 所示。

图6-4-2 普通植物的摄影

摄影者掌握一些相关的专业知识，有助于深入发掘题材，培养出更为敏锐的洞察力。而只有保持对拍摄对象强烈的好奇心才能抽出时间和精力，深入挖掘普通植物的独特之处，拍出如图 6-4-3 所示的照片。

图6-4-3 对普通的植物，深入挖掘

很多奇异的植物分布在山区和高原，那里的春天来得很晚，植物种类也随着高度而改变着类型，如图 6-4-4 所示。

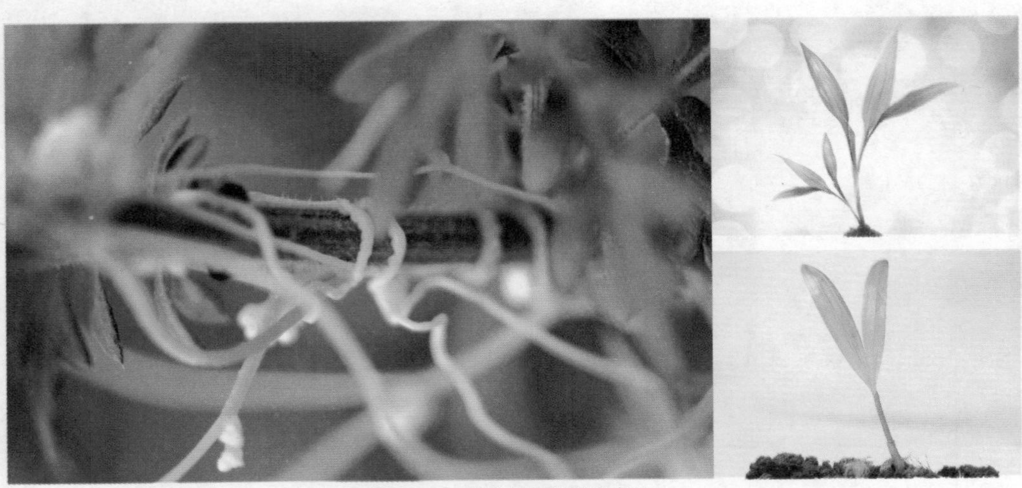

图6-4-4 山地中不同的植物类型

6.5 昆虫的拍摄技巧

对于摄影师来说，在拍摄植物时加入昆虫，无疑会为照片增添情趣，如图 6-5-1 所示。部分蝴蝶会冬眠，在天气转暖时它们会率先出现。其他的蝴蝶出现得较晚，它们会以蛹、毛虫甚至卵的形式过冬。大部分昆虫的生命历程与蝴蝶差不多。

图6-5-1 昆虫为植物添加情趣

昆虫的生命周期是从早春开始的，不过 6 ～ 7 月才是拍摄它们的最佳时期。在近水的地方找一块湿润、多花的草地，你会在那里发现大量的昆虫。守在一些鲜花，如丁香和玫瑰旁边，你会发现一天到晚都有昆虫造访，如图 6-5-2 所示。

图6-5-2 等候不同的昆虫造访

在盛产花蜜的植物，如醉鱼草、熏衣草和紫花苜蓿上总能拍摄到蝴蝶。在清晨和傍晚它们还爱停在某处晾晒自己的身体，这也是拍摄的好时机。想要尽可能清晰地拍下蝴蝶的翅膀，必须尽量让相机与蝴蝶的翅膀保持平行，同时充分利用好景深，如图 6-5-3 所示。

图6-5-3 拍摄蝴蝶翅膀要尽量清晰

蜜蜂和黄蜂都喜欢趴在花蕊上采集食物，如图 6-5-4 所示，使人能较为从容地进行拍摄。如果小心地靠近，蟋蟀和蝗虫也不会飞快地跑掉。

图6-5-4 对于蜜蜂的拍摄

在风和日丽的日子里我们常能发现趴在一起交配的昆虫。这时有着较近对焦距离的远摄变焦镜头就会十分有用，拍摄效果如图 6-5-5 所示。

图6-5-5 对于交配动物的拍摄

昆虫幼虫主要以吃植物为主。它们相对安静一些，是拍摄生态照片的最好模特。昆虫的卵很小，长度很多都不到 1 毫米，所以需要微距镜头才能拍出看起来超级大的虫卵，如图 6-5-6 所示。

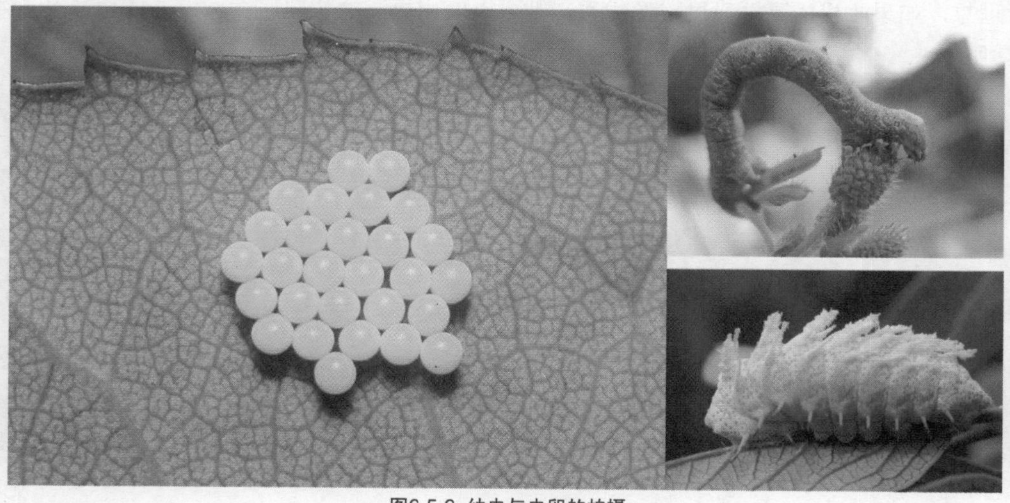

图6-5-6 幼虫与虫卵的拍摄

6.6 野生动物的拍摄技巧

拍摄野生动物最大的特点是不能过于接近拍摄对象，因此300毫米或400毫米远摄镜头是最基本的要求，500毫米以上的大光圈定焦镜头才是拍摄利器。当然，如果不是猛兽，拍摄范围比较小、离被摄体又不太远，也可用机动性强的70~200毫米的变焦镜头，而拍摄大面积群居的温柔型野生动物（如鸟类）和不太怕人的食草动物，则宜用广角镜头，如图6-6-1所示。

图6-6-1 拍摄野生动物

拍摄时，一方面要选择连拍性能较好的机身，另一方面，由于原始森林等环境，光线可能不太理想，如果相机的高感光度成像优秀，则可以使用更高的快门速度，提高成功几率，如图6-6-2所示。

图6-6-2 树林中拍摄野生动物

拍摄野生动物，如果在移动中拍摄可以不必准备三脚架，但如果在固定地点伺机拍摄，最好准备三脚架或独脚架，拍摄效果如图 6-6-3 所示。

图6-6-3 固定点拍摄野生动物

如果拍摄野生猛兽，由于距离远，又不能惊动拍摄对象，没有必要使用闪光灯，但如果拍摄较温顺的鸟类，闪光灯也是很重要的器材。使用闪光灯可以突出小鸟羽毛的细节加上“眼神光”，使小鸟看起来更有神，如图 6-6-4 所示。

图6-6-4 使用闪光灯拍摄鸟类

在需要更长焦距时，增倍镜是一个很好的选择，因为增倍镜的体积小，重量轻，携带方便。另外要说明的是，使用增倍镜后对图像质量会有一定的影响，通常加 1.4X 后的图像质量还可以，但加 2X 后图像的锐度就会有一定的损失。尽管如此，增倍镜由于其方便性，还是得到了广泛的应用，拍摄效果如图 6-6-5 所示。

图6-6-5 长焦拍摄野生动物

掌握了野生动物的习性和活动规律后，摄影者就能变被动为主动。这时摄影者的观察能力也会有很大变化，会发现许多可拍摄的镜头，例如“母子”同时进食的动人场面、热恋中的“情人”、玩耍嬉戏的“儿童”以及难得一见的求偶场面等，如图 6-6-6 所示。

图6-6-6 拍摄难得的野生动物生活场景

如果被摄体在某个范围之内有规律性地活动，拍摄时最好将焦点设定在这一范围内，这样既不会错失良机，又能拍到清晰画面。为拍摄到满意的镜头，最好用连拍模式连拍几张，从中选择最好的一两张，这样比较保险。

第7章 照片输入及管理

数码照片之所以能够进行各种编辑处理，是因为可以将数码照片输入到电脑中，然后通过各种图像处理软件对其进行处理。本章重点学习如何将数码照片输入到电脑中，并详细介绍了使用数码照片管理软件 ACDSee 如何管理照片。

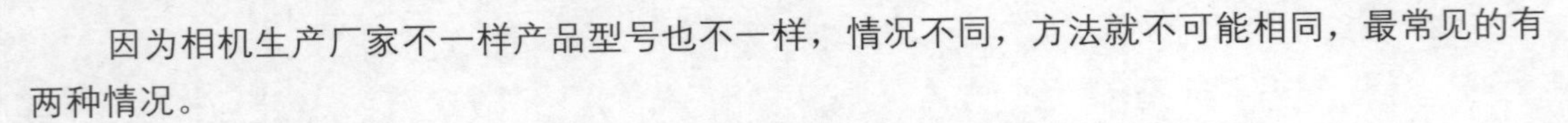

7.1 将相机中的照片输入电脑

因为相机生产厂家不一样产品型号也不一样，情况不同，方法就不可能相同，最常见的有两种情况。

一种是，按照说明书，找出数码相机与电脑的连接线（有的没有配套的，就要买了。如果是数码摄像机一般没有，需要买 1394 卡，卡上配配线子。有的主板上集成了 1394 卡，只要买连接线就可以了），打开相机，电脑就会提示找到新硬件，把驱动盘放到光驱里面，选择自动搜索安装驱动，或者直接选择驱动软件，电脑就能与相机连接起来进行工作，如图 7-1-1 所示。

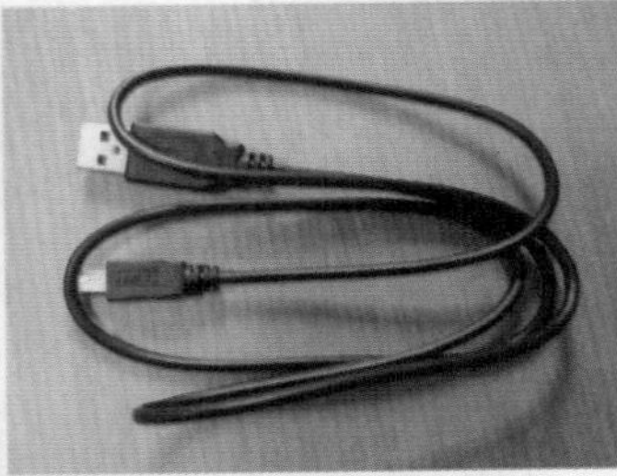

图7-1-1 用连接线连接

还有一种方法是用读卡器。因为数码相机一定会有一张存储卡，买到与之相对应的读卡器后把卡插到读卡器里，再把读卡器插到电脑 USB 口，这时会发现“我的电脑”里多了一个可移动磁盘，如图 7-1-2 所示。然后，可以通过复制粘贴将相机中的照片存储到电脑中。

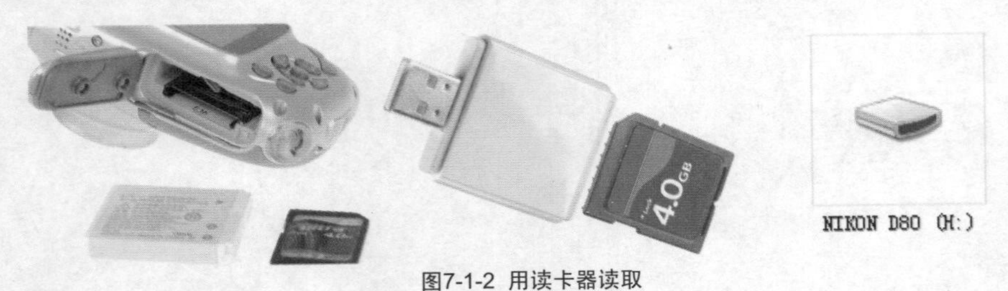

图7-1-2 用读卡器读取

7.2 ACDSee的看图功能

想要对图片进行快速的浏览、整理，图像处理软件 ACDSee 10 无疑是简单快捷的工具。

图像处理软件 ACDSee 10 是目前使用最为广泛的看图软件之一，其操作界面简洁直观，操作方式简单人性化，支持大量的音频，视频和图片格式的浏览和管理，如 BMP，GIF，JPG，PCX，PNG，PSD，SGI，TGA 和 TIFF 等格式。

在对图片进行浏览时可以通过略图查看图片，并且可以以全屏或调整图片的固定大小进行查看等，而将鼠标放在图片上还可以进行快速预览，还可以使用幻灯片播放模式对图片进行浏览。

ACDSee 10 在大量图片的情况下可以使用搜索功能快捷地找到想要的图片，在相机或存储设备中导入图片时，可以对图片进行自定义类别、关键词、创建备份等操作使图片变得有序。

ACDSee 10 不仅能够快速方便地浏览图片，还可以使用图像增强器对图片进行修复红眼和杂点等修正操作和使用自定义的边框、阴影或边缘效果美化图片。

ACDSee 10 能够为文件进行批量更名和批量转换图片格式等操作。对于压缩包中的文件，无需离开当前软件界面即可迅速解压，查看和管理存档项目。ACDSee 10 的界面如图 7-2-1 所示。

图7-2-1 ACDSee 10界面

7.3 改变查看模式

在 ACDSee 10 中可以选择如：略图 + 详细信息、胶片、略图、平铺、图标、列表、详细信息等查看模式对图片进行浏览，如图 7-3-1 所示。想要快速选择图片的查看模式，可以通过快捷键进行切换，【F6】键至【F12】键对应【查看】菜单中的模式，如【F6】键即为略图 + 详细信息模式，【F12】键即为详细信息模式。当按下对应快捷键后如【F7】键，查看模式即转换为胶片查看模式，如图 7-3-2 所示。

图7-3-1【查看】菜单

图7-3-2 胶片查看模式

7.4 更改显示方式

在查看模式中，以略图为显示方式的模式占全部模式的一半。在对图片进行浏览时也多会选择以略图为显示方式的模式进行查看。通过对略图相关选项的设置可以得到符合需要的显示方式。以下将介绍在略图查看模式下的设置。按【F8】键切换到略图查看模式，如图 7-4-1 所示。执行【工具】|【选项】命令，打开【选项】对话框，选择【略图信息】选项，显示【略图信息】选项区域，如图 7-4-2 所示。

图7-4-1 略图查看模式

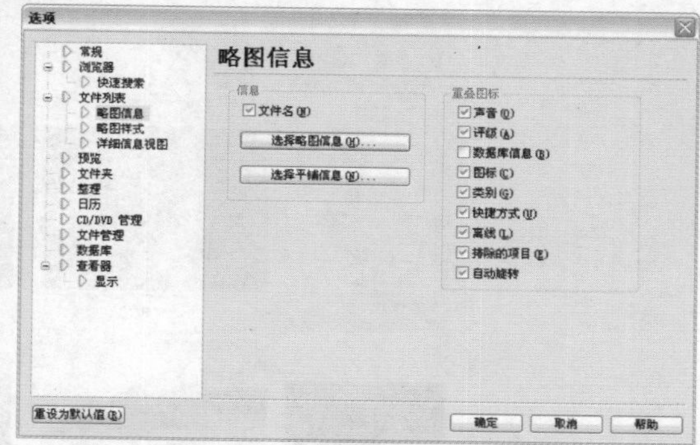

图7-4-2【略图信息】面板

在【略图信息】选项区域中对各种选项可以进行勾选和取消选中设置，如取消【文件名】选项和【图标】选项，略图的名称和右上方的图标会被隐藏。图7-4-3所示为取消前和取消后对比。

单击【选择略图信息】按钮，则打开【选择缩略图显示信息】对话框，如图7-4-4所示。在左边的栏目中有各种信息项目，选中要添加的项目后单击【添加】按钮即可添加到右边栏目中。要删除添加的项目，选中项目单击【移除】按钮即可，完成设置后单击【确定】按钮。在图7-4-2所示状态下，单击【选择平铺信息】按钮，则打开【选择平铺显示信息】对话框，其操作方式与【选择缩略图显示信息】对话框一样。

图7-4-3 取消选项前后对比

图7-4-4【选择略图显示信息】对话框

如图7-4-5所示，在界面右上侧有控制略图显示大小的调节条，向右拖动滑块即放大略图显示，向左拖动滑块即缩小略图显示。要放大预览框中的图像，将光标移动到预览框边缘，光标变为形状后，单击左键不放向外拖动即可调节预览框中图像显示大小，如图7-4-6所示。

图7-4-5 调节滑块改变显示大小

图7-4-6 改变预览框显示大小

7.5 文件的等级分类

在对大量图片进行管理时，如要将图片进行分类，需要大量时间，而在 ACDSee 10 中使用文件等级分类即可快捷简便地完成这些管理。

在浏览器中按住【Ctrl】键选择多个文件，单击右键打开快捷菜单，执行【设置评级】|【1级（1)】命令即可将选中的图片设置为 1 级，如图 7-5-1 所示。设置完成后，图片右侧上方会出现1图案表示该图片已分为 1 级，如图 7-5-2 所示。

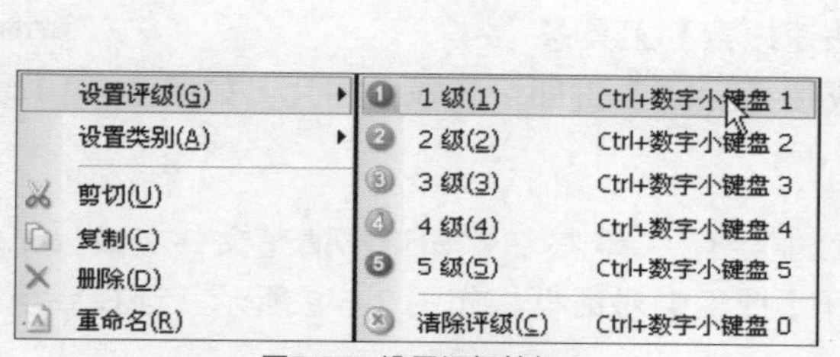

图7-5-1 设置评级等级

图7-5-2 显示图片分级

对图片进行等级分类完成后，执行【排列方式】|【评级】命令可使图片按等级进行排列。要快速选择某一等级的图片，如所有的2级图片，执行【选择】|【按照评级选择】|【2级】命令即可，如图7-5-3所示。

要在浏览器中只显示1级的图片，则选择右侧评级选项栏中的【1】选项即可，如右侧评级选项栏为隐藏状态，还可执行【过滤方式】|【1级】命令，图7-5-4所示为浏览器中只显示1级图片的状态。

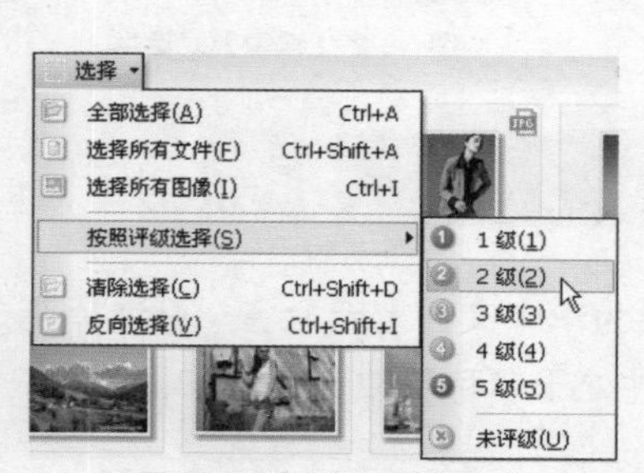

图7-5-3 选择图片等级命令

图7-5-4 整理后的分级图片

7.6 快速查找文件

在收集的大量图片中，如要找到某张图片需要花费很多的时间。ACDSee 10 提供了快捷的搜索功能。在浏览器上方的菜单栏中有【快速搜索】工具条 快速搜索，输入图片的名字，单击【快速搜索】按钮或按【Enter】键即可查找到图片，如图 7-6-1 所示为搜索结果。

在未选中任何文件的情况下，在属性栏中会有 搜索 按钮，如记不清楚文件名或只记得文件名中的单独一个文字，单击该按钮可打开【搜索】对话框，如图 7-6-2 所示。选择或填充已知数据，即可开始搜索。

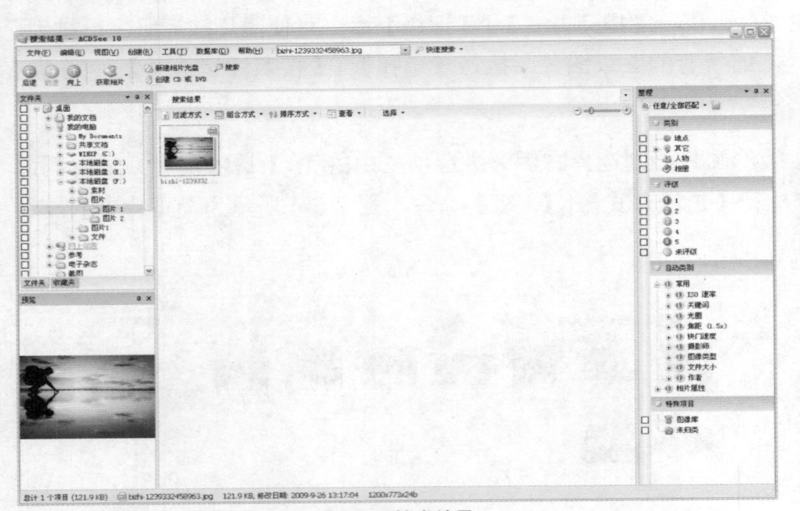

图7-6-1 搜索结果

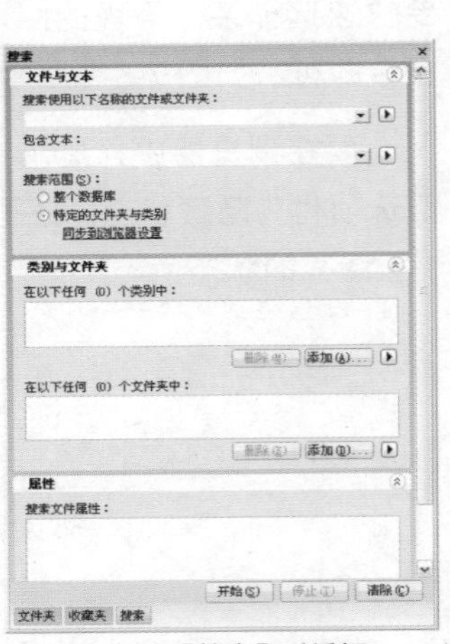

图7-6-2 【搜索】对话框

7.7 对文件重命名

对文件进行重新命名可以使文件更加便于管理和查找。要为单个文件重新命名，可选择要重新命名的文件并单击该文件名称或按【F2】快捷键可使文件处于名称更改状态，如图 7-7-1 所示。

还可以单击右键打开快捷菜单，执行【重命名】命令或【编辑】|【重命名】命令都可以对文件进行重新命名，如图 7-7-2 所示。

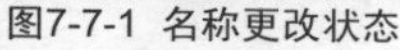

图7-7-1 名称更改状态

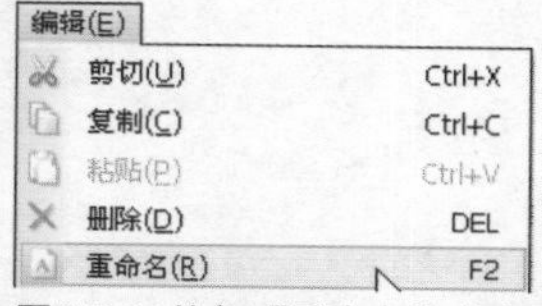

图7-7-2 执行【重命名】命令

对多个文件进行重命名操作，可按住【Ctrl】键同时选中，如图 7-7-3 所示。按【F2】键打开【批量重命名】对话框，如图 7-7-4 所示。

图7-7-3 同时选择多个文件

在【批量重命名】对话框可以对重新命名的名称进行设置，完成设置后单击【开始重命名】按钮，即可完成对多个文件的重新命名。

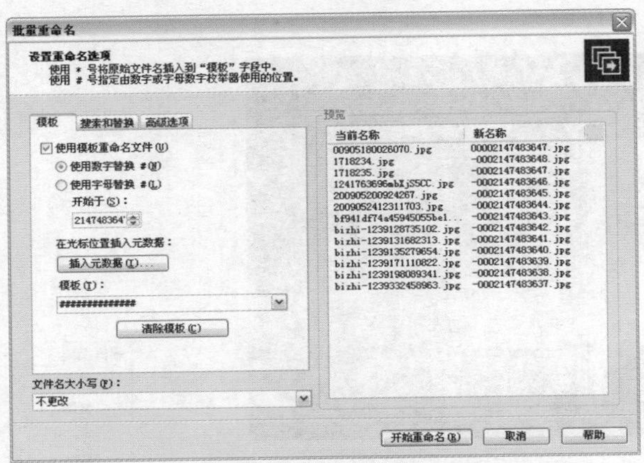

图7-7-4 执行【开始重命名】命令

7.8 查看图片的属性

在浏览器中可以查看图片的属性，通过图片属性中的详细信息可以更加全面了解图片。要查看图片的属性，先单击选中该图片，再执行【视图】|【属性】命令，如图 7-8-1 所示。

也可以右击执行【属性】命令或按【Alt+Enter】组合键，打开【属性 - 数据库】对话框，如图 7-8-2 所示。

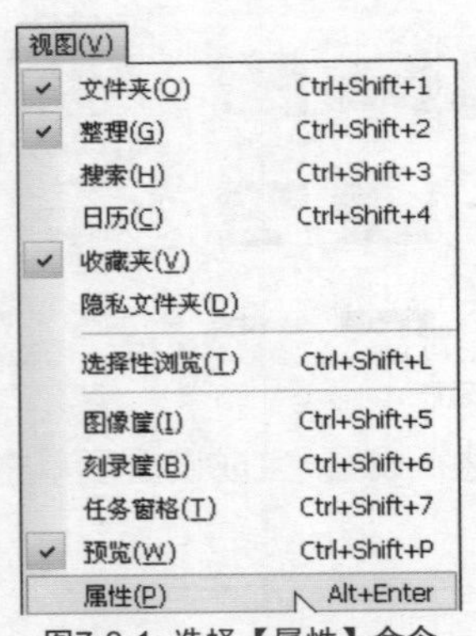

图7-8-1 选择【属性】命令

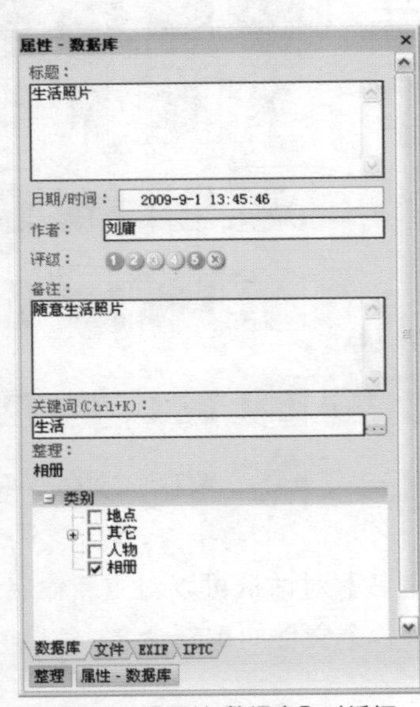

图7-8-2 【属性-数据库】对话框

在【属性 - 数据库】对话框中可以查看文件的属性并进行修改，在对话框最下方有【数据库】，【文件】，【EXIF】，【IPTC】等选项，单击任何一个选项可以转换到相应的面板上进行查看和修改。

7.9　编辑文件图像

在 ACDSee 10 软件中不仅能够浏览和管理图片，还能够对图片进行编辑，如：曝光、消除红眼、更改颜色、调整大小、添加文本等。以下将以更改图像颜色为例进行讲解。

选择要改变颜色的图片，单击右键执行【编辑】命令，打开【编辑器】窗口，如图 7-9-1 所示。单击左侧【颜色】选项，打开【颜色】编辑面板，如图 7-9-2 所示。

图7-9-1　【编辑器】窗口

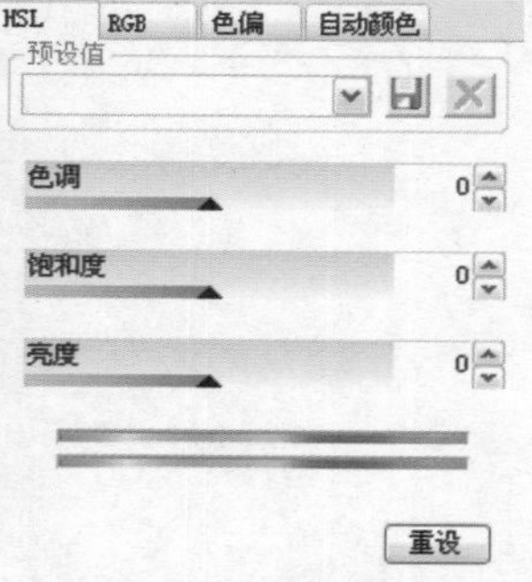

图7-9-2　【颜色】编辑面板

设置【色调】为：-8，【饱和度】为：-8，【亮度】为：8，效果如图 7-9-3 所示。设置完成后可单击【应用】按钮或【确定】按钮，单击【应用】按钮后图像不会退出颜色编辑模式这样可以继续其他面板中的修改，而单击【确定】按钮则会返回到【编辑器】对话框。返回到【编辑器】对话框后如不进行其他编辑，单击【完成编辑】按钮会打开【保存更改】对话框，如图 7-9-4 所示。

单击【保存】按钮会以修改后的图片覆盖原始图片，单击【另存为】按钮则另外进行保存而不影响原始图片，单击【丢弃】按钮则删除修改后的图片。

图7-9-3 设置参数后效果

图7-9-4 【保存更改】对话框

第8章 Photoshop CS4的基础知识

本章将对 Photoshop CS4 软件的基础知识进行详细介绍，包括该软件的系统要求、软件界面、软件新增功能、以及一些基本操作，从而使读者对该软件的功能与操作有一定的了解与认识，培养读者对图片设计创作的兴趣与爱好。

8.1 Photoshop CS4的系统要求

Photoshop CS4 是 Adobe 公司发布的最新图形图像处理软件。其运行环境的要求也比以往的版本提高了很多。那么该软件需要什么样的系统配置呢？下面就向您逐项展示，如图 8-1-1 所示。

CPU	2.0GHZ或更快处理器
操作系统	Windows XP或Windows Vista
内存	1G以上，推荐2G
硬盘空间	80G或更大容量
显卡	支持256色或更高分辨率
显示器	1024×768或更高分辨率

图8-1-1 Photoshop CS4的系统要求

8.2 熟悉Photoshop CS4界面

本小节重点介绍该软件的工作界面：菜单命令、控制面板等内容。掌握这些命令与工具的分布就等于可以对该软件进行基本操作，熟练以后，便可制作出各具特色的设计作品。所以不熟悉该软件的读者可以从了解软件基本功能分布开始。

1．菜单命令

在启动 Photoshop CS4 软件后，执行【文件】|【打开】命令，打开任意的一幅素材图片，将出现完整的工作界面，如图 8-2-1 所示。

可以观察到 Photoshop CS4 软件的工作界面包括：灰色的工作区域、标题栏、菜单栏、工具箱、图像窗口、状态栏、属性栏和控制面板等。

图8-2-1 Photoshop CS4界面

2．工具箱

菜单栏一共有 11 个选项，如图 8-2-2 所示。只需单击即可弹出相应子菜单。

文件(F)　编辑(E)　图像(I)　图层(L)　选择(S)　滤镜(T)　分析(A)　3D(D)　视图(V)　窗口(W)　帮助(H)

图8-2-2　主菜单

当按住【Alt】键不放，再按菜单名中带下画线的字母键，也可以打开相应的子菜单，如：按住【Alt】键不放，按【F】键则可以打开【文件】子菜单，再按【O】键，则可以执行【打开】命令，打开【打开】对话框，如图 8-2-3 所示。

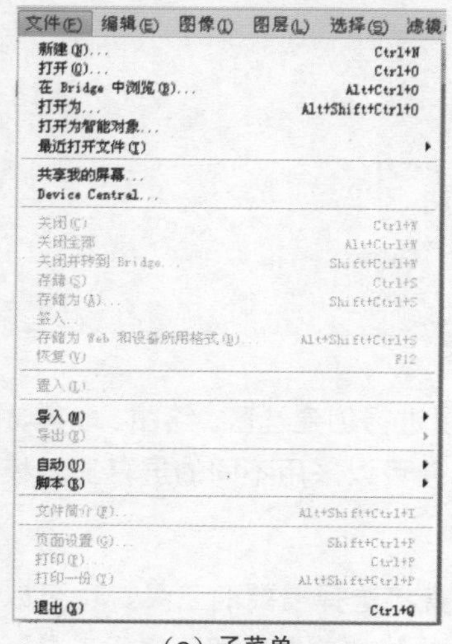

（a）子菜单

（b）【打开】对话框

图8-2-3　打开【打开】对话框

对于子菜单又有一些特定的规则，如：在子菜单后面有黑色三角形，则说明该菜单项目下还有子菜单。如果子菜单后面是“...”符号，则说明单击该项目会打开对话框。

如果子菜单呈灰色状态显示，则说明该命令在当前不可用。如果按子菜单后面的快捷键，则无须选择该命令，即可执行相应操作。

菜单命令后面对应的英文字母组合，表示该菜单命令的快捷方式。如【色阶】命令的快捷方式为【Ctrl+L】组合键，表示同时按下键盘上的这两个键，则打开【色阶】对话框。

3．控制面板

Photoshop CS4 软件中，其工具箱的默认位置在工作区域的最左边，如图 8-2-4 所示。其中括号内的字母为该工具的快捷方式。

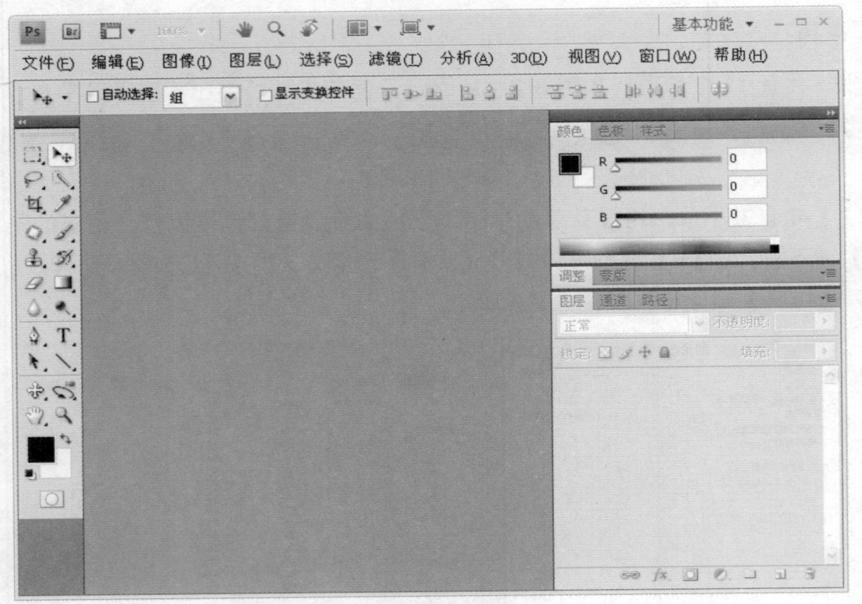

图8-2-4 工作界面

工具箱如图 8-2-5 所示，利用工具箱中的工具可以进行创建选区、绘图、取样、编辑、移动、注释和查看图像等操作。还可以更改前景色和背景，并可以采用不同的屏幕显示模式和快速模板编辑。

另外工具箱中包含了 70 种工具，可以通过单击直接选择需要的工具，也可以使用快捷方式选择工具，或者按住【Alt】键不放，在有隐藏工具的地方单击，即可进行工具间的切换。

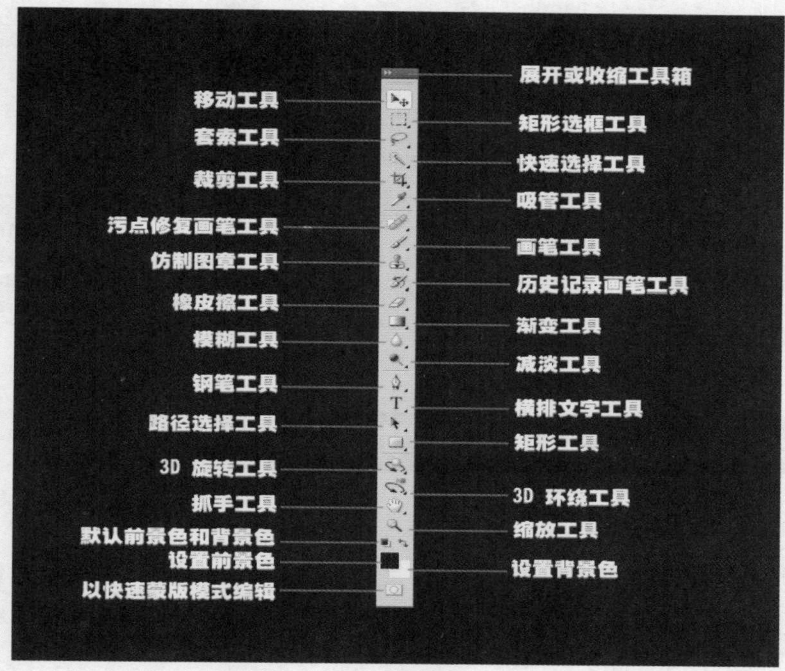

图8-2-5 工具箱

当选择的工具不同，属性栏上的显示也就有所不同，如选择【魔棒工具】和【渐变工具】后的属性栏分别如图 8-2-6（a）和（b）所示。

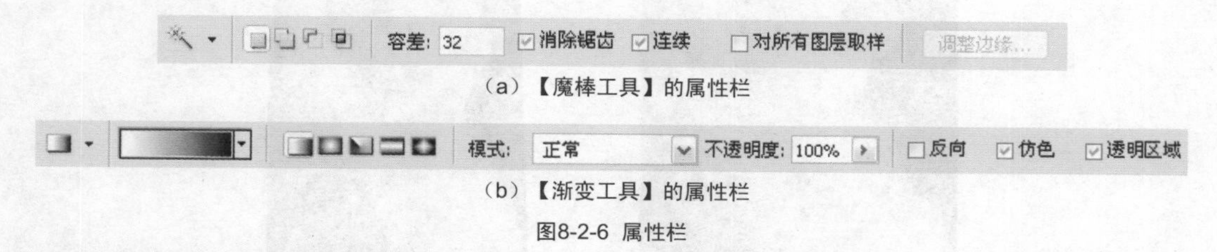

（a）【魔棒工具】的属性栏

（b）【渐变工具】的属性栏

图8-2-6 属性栏

如果想要对工具在属性栏中的参数进行保留，并在以后的操作中执行相同的设置，则需要使用浮动面板中的【工具预设】命令。如：选择【画笔工具】后，设置画笔大小，羽化等参数并希望在后面的操作中反复使用则可以单击【工具预设】面板中的【创建新的工具预设】按钮 ，打开【新建工具预设】对话框并设置名称，确定后将添加到面板中，如图 8-2-7 所示。

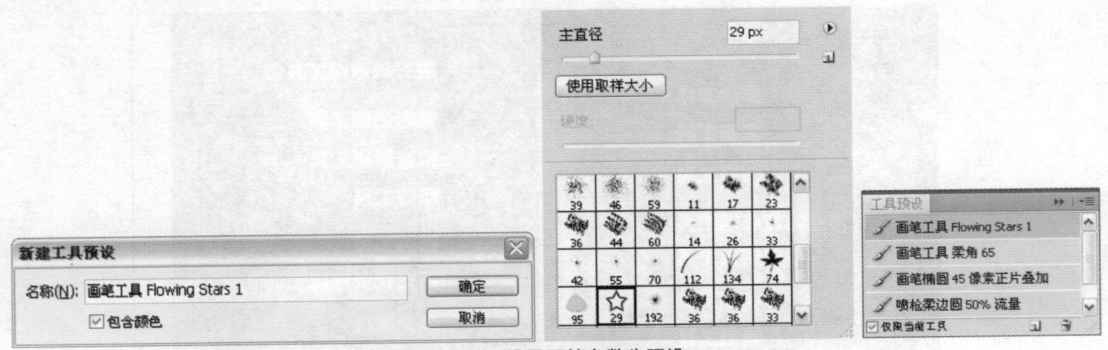

图8-2-7 设置画笔参数为预设

8.3 Photoshop CS4的新增功能

1. 创新的 3D 绘图与合成

借助全新的光线描摹渲染引擎，现在可以直接在 3D 模型上绘图，用 2D 图像绕排 3D 形状，将渐变图像转换为 3D 对象。为层和文本添加深度，可以实现打印质量的输出并可导出为支持的常见 3D 格式，如图 8-3-1 所示。

（a）原始图像

（b）将图像转化为3D图像

图8-3-1 转换为3D格式

2. 调整面板

通过轻松使用所需的各个工具简化图像调整，实现无损调整并增强图像的颜色和色调。新的实时和动态调整面板中还包括图像控件和各种预设，如图 8-3-2 所示。

（a）设置调整面板

（b）调整面板

图8-3-2　新的调整面板

3. 蒙版面板

从新的蒙版面板快速创建和编辑蒙版。该面板提供需要的所有工具，可用于创建基于像素和矢量的可编辑蒙版、调整蒙版密度和羽化、轻松选择非相邻对象等等，如图 8-3-3 所示。

（a）原始图像

（b）蒙版效果

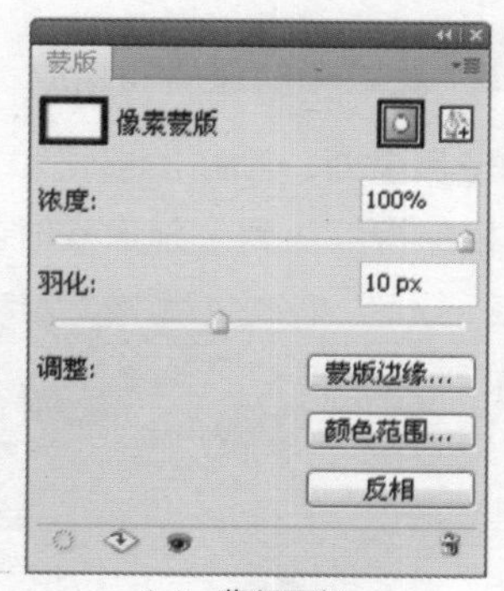

（c） 蒙版面板

图8-3-3　蒙版面板效果

4. 流体画布旋转

现在只需单击即可随意旋转画布，按任意角度实现无扭曲的查看和绘图，如图 8-3-4 所示。

（a）原始图像　　（b） 流体画布旋转

图8-3-4 流体画布旋转效果

5. 图像自动混合

使用增强的自动混合层命令，可以将焦点不同的一系列照片轻松创建为一个图像，该命令可以顺畅混合颜色和底纹，现在又延伸了景深，可自动校正晕影和镜头扭曲，如图 8-3-5 所示。

（a）图像自动混合　　（b）两个图层混合

图8-3-5 图像自动混合效果

6. 更顺畅的遥摄和缩放

使用全新、顺畅的遥摄和定位缩放功能，可以轻松定位到图像的任何区域。借助全新的像素网格保持缩放到个别像素时的清晰度并以最高的放大率实现轻松编辑，如图 8-3-6 所示。

（a）原图

（b）摇摄效果

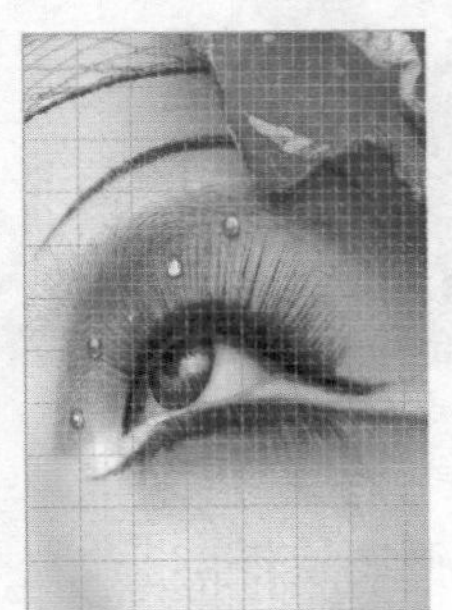

（c）定位缩放效果

图8-3-6 更顺畅的遥摄和定位缩放效果

7. 内容感知型缩放

创新的内容感知型缩放功能可以在您调整图像大小时自动重排图像，在图像调整为新的尺寸时智能保留重要区域，一步到位制作出完美图像，无需高强度裁剪与润饰，如图 8-3-7 所示。

（a）原图

（b）传统拉伸效果

（c）内容感知缩放效果

图8-3-7 效果对比

8. 图层自动对齐

使用增强的自动对齐层命令创建出精确的合成内容。移动、旋转或变形层，从而更精确地对齐不同层的图像，也可以使用图层对齐功能创建出令人惊叹的全景，图片如图 8-3-8 所示。

图8-3-8 自动混合全景图像

9. 更远的景深

将曝光度、颜色和焦点各不相同的图像（可选择保留色调和颜色）合并为一个经过颜色校正的图像，如图 8-3-9 所示。

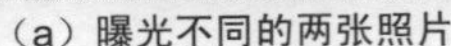

（a）曝光不同的两张照片

（b）合并校正后的图像

图8-3-9 更远的景深效果

10．功能增强的动态图形编辑

借助全新的单键式快捷键更有效地编辑动态图形，使用全新的音频同步控件实现可视效果与音频轨道中特定点的同步，使 3D 图像变为视频。

11．更强大的打印选项

借助出众的色彩管理与先进打印机型号的紧密集成，以及预览溢色图像区域的能力，实现卓越的打印效果，提高了颜色深度和清晰度，如图 8-3-10 所示。

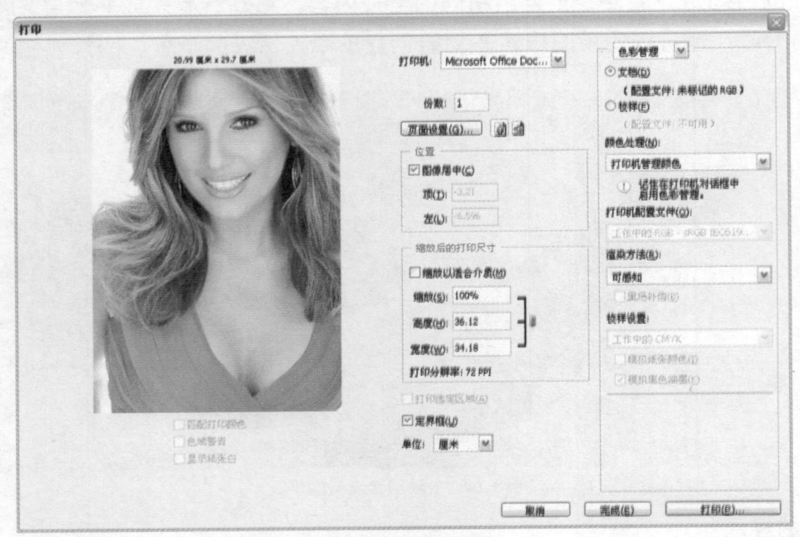

图8-3-10 打印选项

12．更好的原始图像处理

使用行业领先的 Adobe Photoshop Camera Raw 5 插件，在处理原始图像时实现出色的转换质量，如图 8-3-11 所示。该插件现在提供本地化的校正、裁剪后晕影、仿制、TIFF 和 JPEG 格式文件处理，以及对 190 多种相机型号的支持。

图8-3-11 处理原始图像

13. 与其他 Adobe 软件集成

借助 Photoshop Extended 可与其他 Adobe 应用程序集成来提高工作效率。这些应用程序包括 Adobe After Effects、Adobe Premiere Pro 和 Adobe Flash Professional 软件。

14. 业界领先的颜色校正

使用增强的颜色校正功能以及经过重新设计的减淡、加深和海绵工具，现在可以智能保留颜色和色调详细信息，如图 8-3-12 所示。

图8-3-12 颜色校正

15. 文件显示选项

使用选项卡式文档显示或其他视图可轻松使用多个打开的文件，如图 8-3-13 所示。

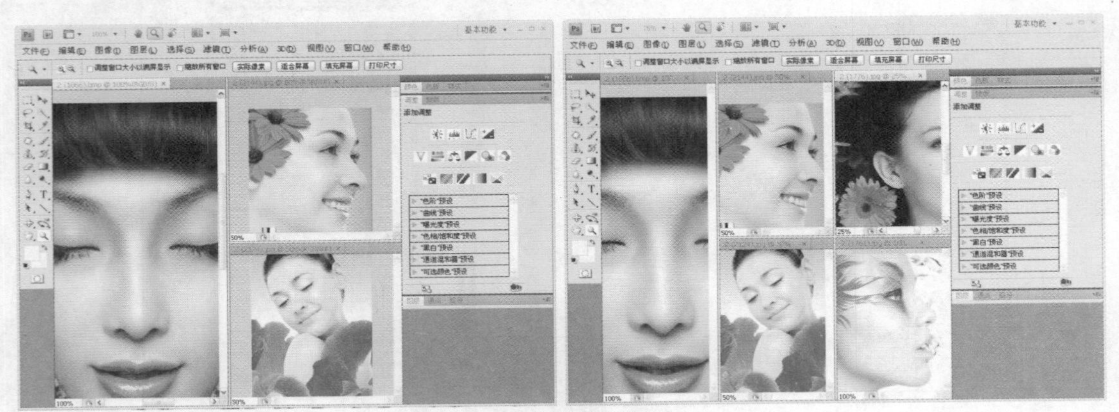

图8-3-13 打开并排列文件

8.4 数码照片画布扩展

本案例讲解了通过对画布的扩展，来拼合照片的操作方法。拼合后的照片视觉效果更开阔。

STEP1 执行【文件】|【打开】命令，打开素材图片：风景 1.tif，如图 8-4-1 所示。

STEP2 执行【图像】|【画布大小】命令，打开【画布大小】对话框，设置【宽度】为：30 厘米，单击【定位】选项区中，第二行第一个方框后，如图 8-4-2 所示。单击【确定】按钮。

图8-4-1 打开素材

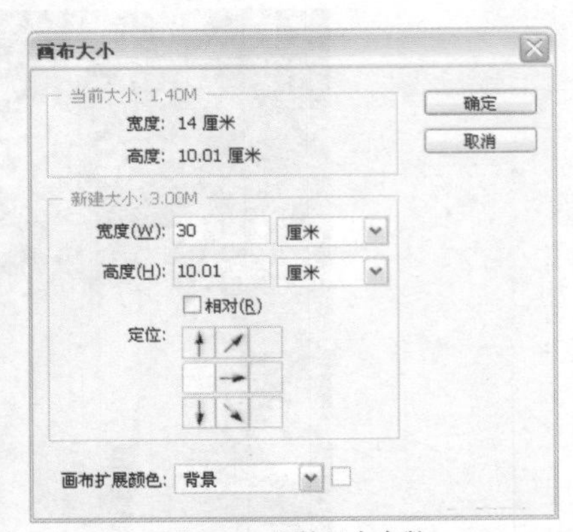

图8-4-2 调整画布参数

STEP3 执行【画布大小】命令后，图像效果如图 8-4-3 所示。

STEP4 按【Ctrl+O】组合键，打开素材图片：风景 2.tif。选择【移动工具】，拖动“风景 2”文件窗口中的图像到“风景 1”文件窗口中，并调整图像的位置，如图 8-4-4 所示。

图8-4-3 执行【画布大小】命令后效果

图8-4-4 导入素材

STEP5 选择工具箱中的【裁剪工具】，在文件窗口中绘制裁剪区域，如图 8-4-5 所示。

STEP6 双击或按【Enter】键确定。将多余的图像裁剪掉，最终图像效果如图 8-4-6 所示。

图8-4-5 绘制裁剪区域

图8-4-6 最终效果

8.5 任意裁剪数码图像

本案例讲解的是“图像基本裁切”的方法。运用工具箱中的【裁剪工具】对图像进行裁切，将多余的地方裁掉，以达到满意的照片尺寸。

STEP1 执行【文件】|【打开】命令，打开素材图片：黑暗天使 .tif。如图 8-5-1 所示。

STEP2 选择工具箱中的【裁剪工具】，在文件窗口中选择裁切区域，如图 8-5-2 所示。

STEP3 在裁切框中双击或者按【Enter】键确定。裁切后的照片效果如图 8-5-3 所示。

图8-5-1 打开素材

图8-5-2 选择裁切区域

图8-5-3 裁切后的照片

8.6 数码图像透视裁剪

本案例讲解的是“图像透视裁剪”的操作方法。首先使用【裁剪工具】在文件窗口中绘制裁切框，然后勾选属性栏中【透视】选项前面的复选框，最后在文件窗口中调整裁切区域的透视角度，完成图像透视裁切操作。

STEP1 执行【文件】|【打开】命令，打开素材图片：黑美人 .tif，如图 8-6-1 所示。

STEP2 选择工具箱中的【裁剪工具】，在文件窗口中选择裁切区域，如图 8-6-2 所示。

图8-6-1 打开素材

图8-6-2 绘制裁切区域

STEP3 勾选属性栏中【透视】选项前面的复选框，在文件窗口中拖动裁切框的各个控制点，调整图片的透视角度，如图 8-6-3 所示。

STEP4 按【Enter】键确定。透视裁切后的最终效果如图 8-6-4 所示。

图8-6-3 调整透视角度

图8-6-4 最终效果

8.7 旋转数码图像方向

旋转图像有两种方法，一是对画布进行旋转，二是只对图像进行旋转。在以下案例中将分别介绍这两种操作方法。

STEP1 执行【文件】|【打开】命令，打开素材图片：舞动 .tif，如图 8-7-1 所示。

STEP2 执行【图像】|【图像旋转】|【垂直翻转画布】命令，图像效果如图 8-7-2 所示。

图8-7-1 打开素材

图8-7-2 垂直翻转

STEP3 按【Ctrl+J】组合键，复制“背景”图层为“图层 1”。执行【编辑】|【自由变换】命令，打开【自由变换】调节框，单击右键选择【水平翻转】命令，如图 8-7-3 所示。按【Enter】键确定。

STEP4 选择工具箱中的【矩形选框工具】，在文件窗口中绘制矩形选区，如图 8-7-4 所示。

图8-7-3 水平翻转

图8-7-4 绘制选区

STEP5 按【Delete】键删除选区内容。按【Ctrl+D】组合键取消选区。最终效果如图 8-7-5 所示。

图8-7-5 最终效果

8.8 无损缩放数码大小

本案例讲解的是“无损缩放照片大小”的操作方法。通过执行【图像大小】命令，对图像进行无损缩放操作。因为此方法在更改图片的大小后，图片的像素大小没有发生变化，所以图片将无损伤，在计算机中可能观察不到有多大的变化，但是在打印图片的时候可以观察到一些变化。

STEP1 执行【文件】|【打开】命令，打开素材图片：西方美女.tif，如图 8-8-1 所示。

STEP2 执行【图像】|【图像大小】命令，打开【图像大小】对话框，可以观察到该图片的【像素大小】、【宽度】、【高度】、【分辨率】等参数，如图 8-8-2 所示。

图8-8-1 打开素材

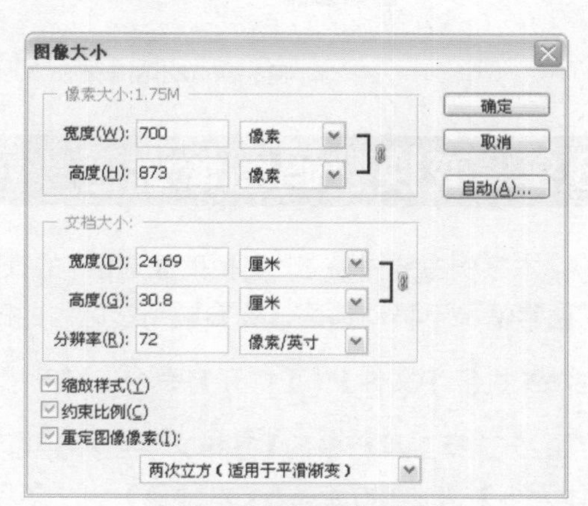

图8-8-2 【图像大小】对话框

STEP3 取消勾选【重定图像像素】复选框。设置【文档大小】选项区中的【宽度】为:50 厘米。此时可以观察到【高度】、【分辨率】也随着【宽度】的变化而变化，但是不会影响到图像的“像素大小”，如图 8-8-3 所示。

STEP4 更改【图像大小】对话框中参数也可以缩小图片的尺寸。设置【文档大小】选项区中的【宽度】为：6 厘米，如图 8-8-4 所示。单击【确定】按钮。

图8-8-3 放大图像大小

STEP5 更改图片大小后。选择工具箱中的【缩放工具】，单击右键打开快捷菜单，选择【打印尺寸】命令，如图 8-8-5 所示，此时可以观察到打印尺寸。

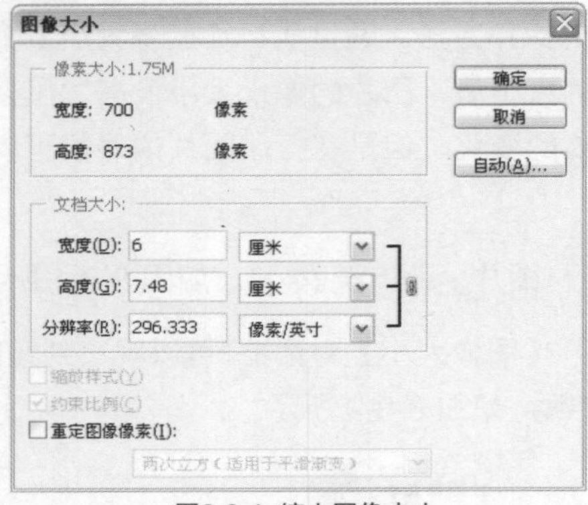

图8-8-4 缩小图像大小

图8-8-5 打印尺寸显示

8.9 变换数码图像选区

本案例主要讲解了“变换图像选区”的操作方法。【变换选区】命令是针对选区的调整命令，在通常情况下移动选区，会影响到选区内的图像，而执行该命令，则只对选区进行调整。

STEP1 执行【文件】|【打开】命令，打开素材图片：蝴蝶 .tif，如图 8-9-1 所示。

STEP2 选择工具箱中的【直排文字工具】，设置属性栏上的【字体系列】为：经典繁中变，【字体大小】为：120 点，【文本颜色】为：黑色，在窗口中输入文字，按【Ctrl+Enter】组合键确定。文字效果如图 8-9-2 所示。

图8-9-1 打开素材

图8-9-2 文字效果

STEP3 按住【Ctrl】键不放，单击“文字”图层前面的【指示文本图层】，载入选区。单击“文字图层”前面的【指示图层可视性】按钮，隐藏该图层。图像效果如图 8-9-3 所示。

STEP4 执行【选择】|【变换选区】命令，按住【Alt+Shift】组合键不放，拖动调节框的控制点，等比例扩大选区到合适大小并调整其位置，单击右键打开快捷菜单，选择【透视】命令，拖动调节框的各个控制点，改变图像形状，如图 8-9-4 所示。按【Enter】键确定。

图8-9-3　载入选区

图8-9-4　变换选区

STEP5 选择“背景”图层，按【Ctrl+J】组合键，复制选区内容到“图层 1”中。双击“图层 1”后面的空白处，打开【图层样式】对话框，单击【斜面和浮雕】复选框，打开【斜面和浮雕】面板，设置【样式】为：枕状浮雕，【深度】为：1000%，【光泽等高线】为：画圆步骤，其他参数保持默认值，如图 8-9-5 所示。单击【确定】按钮。

STEP6 执行【斜面和浮雕】命令后，图像效果如图 8-9-6 所示。

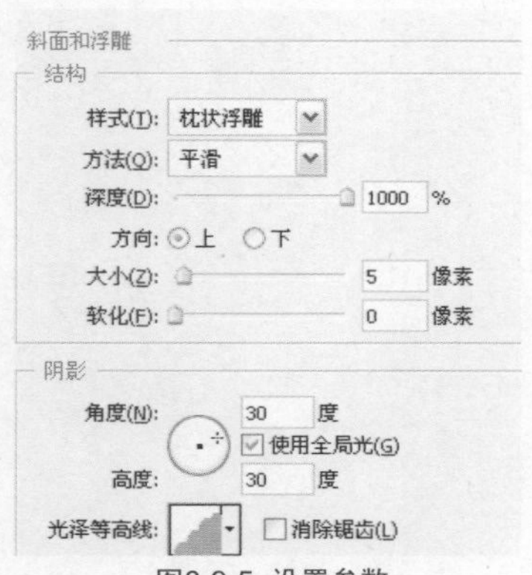

图8-9-5　设置参数

图8-9-6　斜面和浮雕效果

STEP7 单击【图层】面板下方的【创建新的填充或调整图层】按钮 ，打开快捷菜单，选择【色相 / 饱和度】命令，打开【色相 / 饱和度】对话框，设置参数为：+10，-15，0，如图 8-9-7 所示。

STEP8 执行【色相 / 饱和度】命令后，最终效果如图 8-9-8 所示。

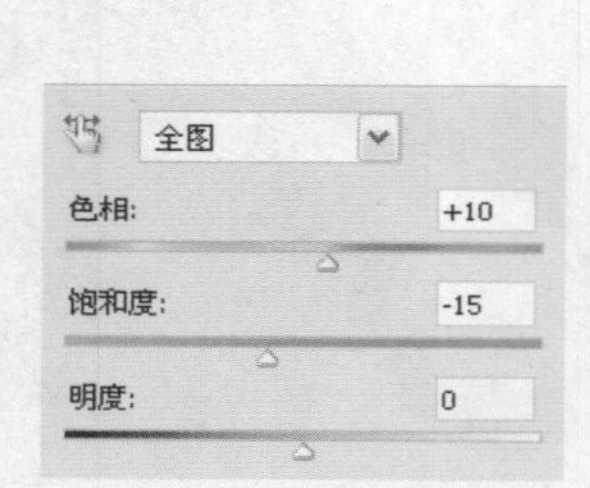

图8-9-7 设置参数

图8-9-8 最终效果

第9章
数码照片常见问题处理

本章节主要围绕“数码照片常见问题处理”精心选择了“数码人像偏暗调整”、“数码人像偏亮调整”、“校正偏紫图片”、“去除图片噪点”、“黯淡照片调整鲜艳”、“逆光照片调整细节”等多个实用的经典案例。希望读者能够通过本章节学习掌握运用调整命令修饰人物图像的技巧，从而为设计之路打下良好基础。

9.1 数码人像偏暗调整

处理前

处理后

案例分析

本实例讲解“数码人像偏暗调整”的方法。在制作过程中，主要运用了【亮度/对比度】命令，调整图像整体曝光度，然后运用【曲线】、【色阶】等命令，调整图像整体对比度，从而使其曝光平衡且对比度加强。

源文件：素材与源文件/第9章/9.1/源文件/数码人像偏暗调整.psd
素材：素材与源文件/第9章/9.1/素材/红衣女孩. tif
视频教程：Video/09/09-1

STEP1 按【Ctrl+O】组合键，打开素材：红衣女孩 .tif。

STEP2 单击按钮，打开快捷菜单，选择【亮度 / 对比度】命令，打开【亮度 / 对比度】对话框，设置亮度为：81，对比度为：36。增强图像整体亮度对比度。

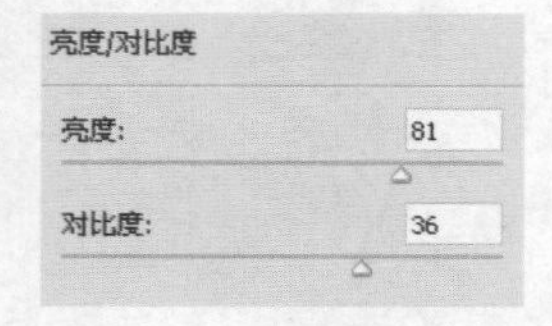

STEP3 执行【亮度 / 对比度】命令后，图像整体亮度与对比度提高。

STEP4 单击按钮，选择【曲线】命令，稍微调整曲线弧度为S形状。

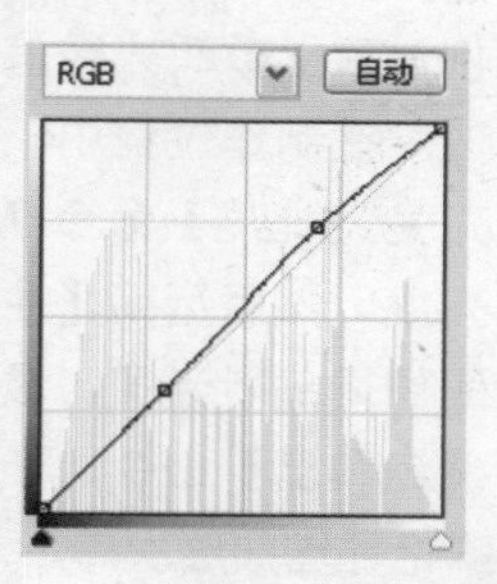

STEP5 执行【曲线】命令后，图像对比度再次加强。

STEP6 单击按钮，选择【色彩平衡】命令，设置参数为：-57，+8，+45。

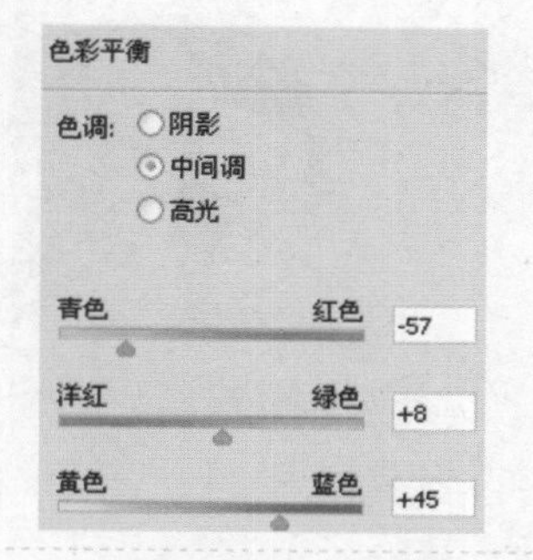

STEP7 执行【色彩平衡】命令后，图像红色像素降低且蓝色像素提高。

STEP8 单击按钮，选择【色阶】命令，设置【色阶】为：中间调较暗。

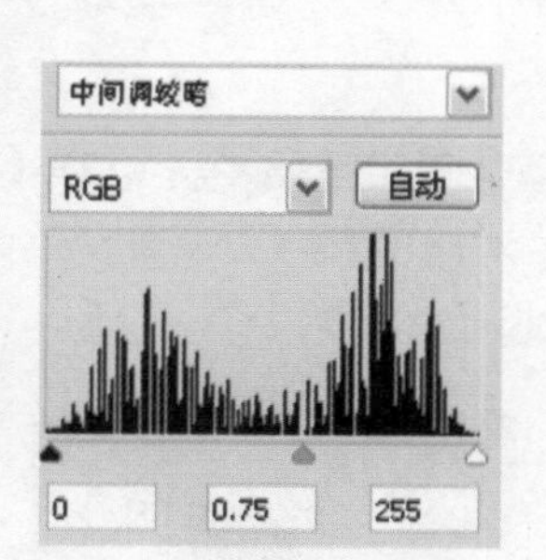

STEP9 执行【色阶】命令后，最终效果制作完毕。

剖析知识点：

亮度/对比度

亮度：当输入数值为负时，将降低图像的亮度；当输入的数值为正时，将增加图像的亮度；当输入的数值为0时，图像无变化。

对比度：当输入数值为负时，将降低图像的对比度；当输入的数值为正时，将增加图像的对比度；当输入的数值为0时，图像无变化。

9.2 数码人像偏亮调整

处理前

处理后

案例分析

本实例讲解“数码人像偏亮调整”的方法。在制作过程中，主要运用了【亮度/对比度】命令降低图像的整体亮度，然后运用【曲线】命令调整图像局部曝光度，最后再运用【自然饱和度】命令，使图像色彩更加鲜艳并增加层次感。

源文件：素材与源文件/第9章/9.2/源文件/数码人像偏亮调整.psd
素材：素材与源文件/第9章/9.2/素材/偏亮照片. tif
视频教程：Video/09/09-2

STEP1 按【Ctrl+O】组合键，打开素材：偏亮照片 .tif。设置前景色为：黑色。

STEP2 单击按钮，选择【亮度 / 对比度】命令，设置参数为：-106，26。

STEP3 单击按钮.选择【色阶】命令，设置参数为：29，0.81，227。

STEP4 选择【画笔工具】，涂抹隐藏人物位置的【色阶】效果。

STEP5 单击按钮，选择【曲线】命令，向上稍微调整曲线弧度。

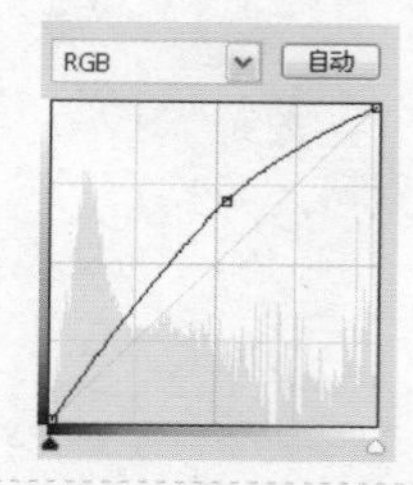

STEP6 执行【曲线】命令后，图像整体亮度提高。

STEP7 选择【画笔工具】，涂抹隐藏人物面部以外的所有曲线效果。

STEP8 单击按钮，选择【自然饱和度】命令，设置参数为：100，9。

STEP9 按【Shift+Ctrl+Alt+E】组合键，盖印可视图层。自动生成“图层 1”。

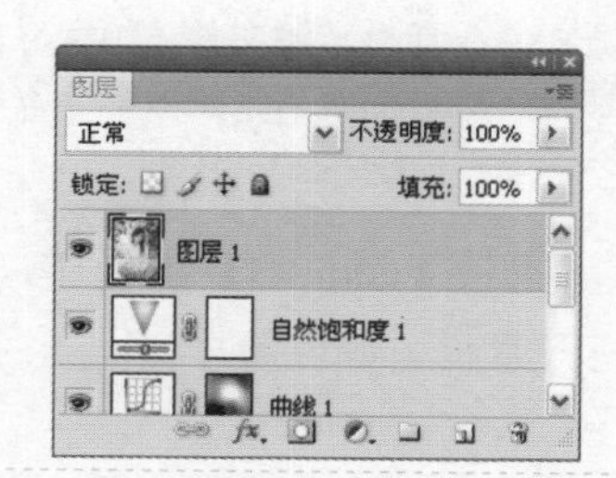

STEP10 执行【滤镜】|【模糊】|【高斯模糊】命令，设置参数为：5。

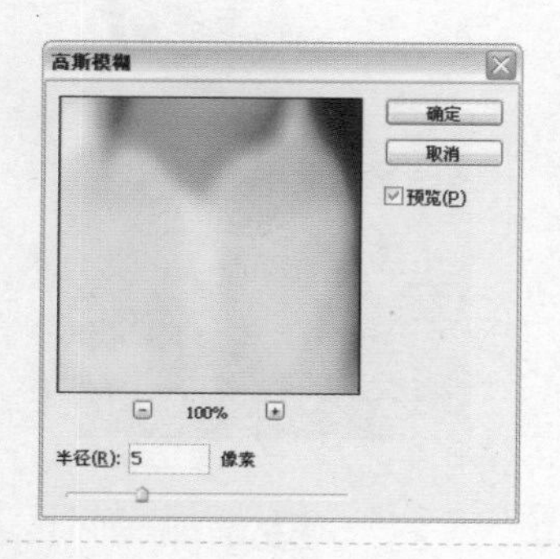

STEP11 执行【高斯模糊】命令后，图像整体变得朦胧模糊。

STEP12 设置【混合模式】为：柔光，【不透明度】为：40%，得到最终效果。

9.3 数码人像偏色调整

处理前

处理后

案例分析

本实例讲解“数码人像偏色调整”的方法。在制作过程中，主要运用了【色彩平衡】命令，调整图像整体色彩像素的对比度与平衡度，最后再运用【色阶】命令，调整图像整体对比度。

源文件：素材与源文件/第9章/9.3/源文件/数码人像偏色调整.psd
素材：素材与源文件/第9章/9.3/素材/偏色照片. tif
视频教程：Video/09/09-3

STEP1 按【Ctrl+O】组合键，打开素材：偏色照片 .tif。

STEP2 单击按钮，选择【色彩平衡】命令，设置参数为：100，-65，-58。此时图像蓝色像素降低，红色像素提高。

STEP3 单击按钮，选择【色阶】命令，设置参数为：0，0.78，255，得到最终效果。

9.4　校正偏紫图片

处理前

处理后

案例分析

本实例主要讲解“校正偏紫图片”的方法。在制作过程中，主要运用了【色彩平衡】命令，降低图像整体的紫色像素，并增强图像整体的蓝色与青色像素，使图像色彩恢复自然。

源文件：素材与源文件/第9章/9.4/源文件/校正偏紫图片.psd
素材：素材与源文件/第9章/9.4/素材/偏紫照片. tif
视频教程：Video/09/09-4

STEP1 按【Ctrl+O】组合键，打开素材：偏紫照片 .tif。

STEP2 单击按钮，选择【色彩平衡】命令，设置参数为：-17，+48，-34。

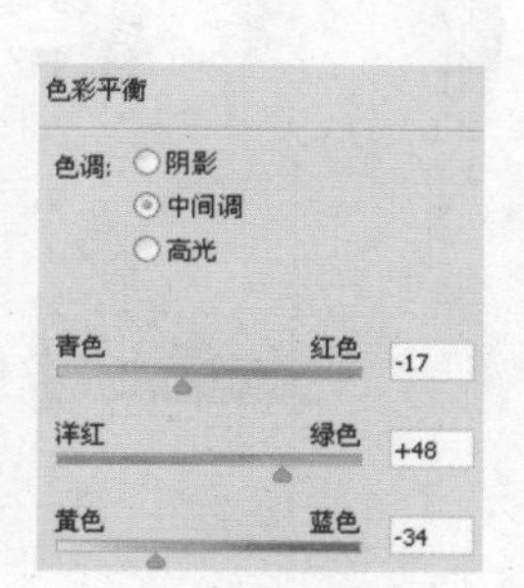

STEP3 执行【色彩平衡】调整命令后，最终效果制作完毕。

9.5 去除图片噪点

处理前

处理后

案例分析

本实例讲解“去除图片噪点”的方法。在制作过程中，主要运用【模糊工具】、【减少杂色】等命令与【图层蒙版】相配合，对人物皮肤进行磨皮去噪，再运用【高反差保留】与【混合模式】命令加强细节清晰度。

源文件：素材与源文件/第9章/9.5/源文件/去除图片噪点.psd
素材：素材与源文件/第9章/9.5/素材/噪点图片. tif
视频教程：Video/09/09-5

STEP1 按【Ctrl+O】组合键，打开素材：噪点图片 .tif。设置前景色为：黑色。

STEP2 选择【模糊工具】，对皮肤进行模糊磨皮，并按【Ctrl+J】组合键，复制图层。

STEP3 执行【滤镜】|【杂色】|【减少杂色】命令，设置参数为：10，0%，100%，0%，单击【移去 JPEG 不自然感】复选框。

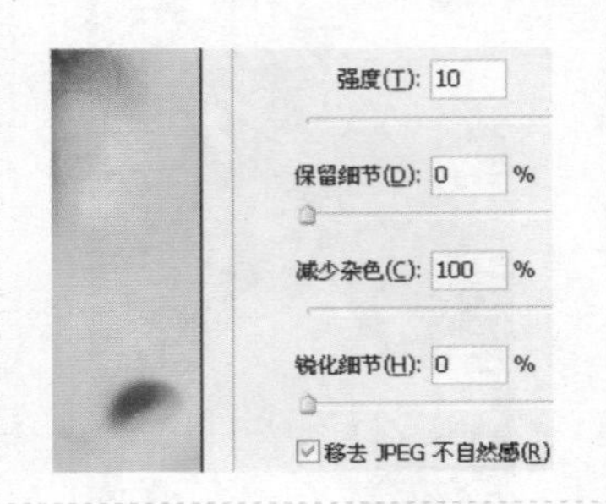

STEP4 执行【减少杂色】命令后，单击【确定】按钮，观察图像效果。

STEP5 单击按钮，为图层添加蒙版。按【Alt+Delete】组合键，填充蒙版为：黑色。

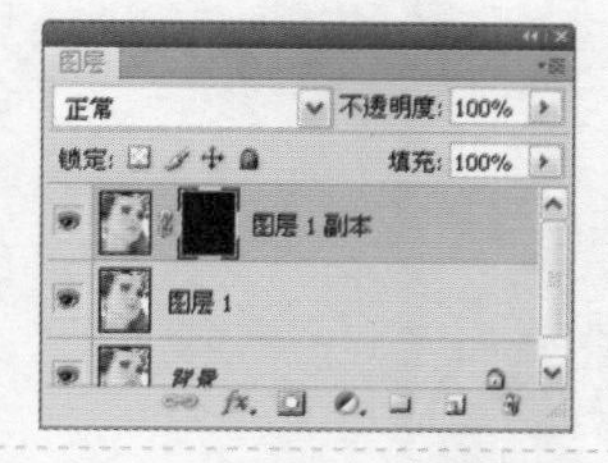

STEP6 设置背景色为：白色，选择【橡皮擦工具】，涂抹皮肤位置，减少杂色。

STEP7 盖印可视图层，执行【滤镜】|【其他】|【高反差保留】命令，设置参数为：3.0。

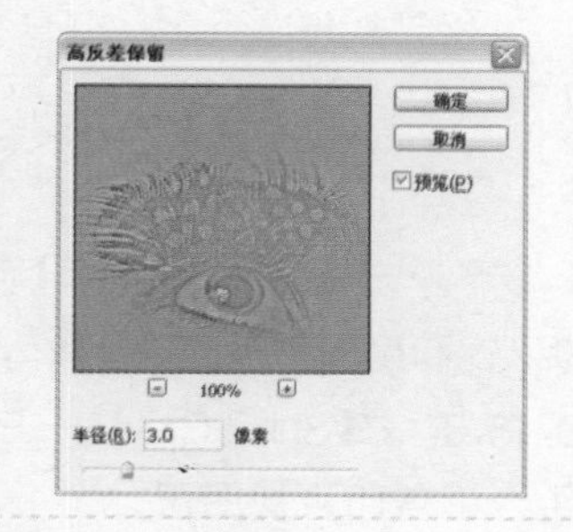

STEP8 执行【高反差保留】命令后，单击【确定】按钮观察图像效果。

STEP9 设置“图层 2”的【混合模式】为：叠加，得到最终效果。

剖析知识点:

减少杂色

保留细节：保留边缘和图像细节（如头发或纹理对象）。如果参数值为 100，则会保留大多数图像细节，而且将亮度杂色减到最少。平衡设置【强度】和【保留细节】控件的值，以便对杂色减少进行微调。

减少杂色：更改默认的颜色像素，数值越大，减少的颜色杂色越多。

锐化细节：移去杂色将会降低图像的锐化程度，对图像进行锐化。

移去 JPEG 不自然感：移去由于低 JPEG 品质设置而导致的图像伪像和光晕。

9.6 黯淡照片调整鲜艳

处理前

处理后

案例分析

本实例讲解“黯淡照片调整鲜艳”的方法与技巧。在制作过程中，主要运用了【亮度/对比度】命令调整图像整体对比度，再运用【色彩范围】命令制作要添加色彩的区域，然后运用【色彩平衡】命令调整局部色彩，最后再运用【曲线】命令调整整体亮度。

源文件：素材与源文件/第9章/9.6/源文件/黯淡照片调整鲜艳.psd
素材：素材与源文件/第9章/9.6/素材/沙滩瑜伽. tif
视频教程：Video/09/09-6

STEP1 按【Ctrl+O】组合键，打开素材：沙滩瑜伽 .tif。设置前景色为：黑色。

STEP2 单击按钮，选择【亮度/对比度】命令，设置参数为：60，50。

STEP3 单击按钮，选择【色相/饱和度】命令，设置参数为：0,15,0。按【Shift+Ctrl+Alt+E】组合键盖印可视图层。

STEP4 执行【选择】|【色彩范围】命令，单击人物衣服取样并设置容差为：125。

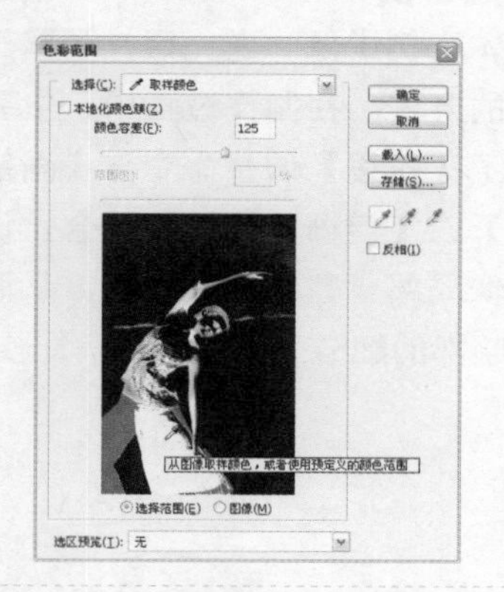

STEP5 执行【色彩范围】命令后，将自动生成衣服红色像素的外轮廓选区。

STEP6 单击按钮，选择【色彩平衡】命令，设置参数为：61，3，-8。调整选区颜色。

STEP7 选择【画笔工具】，涂抹隐藏身体位置的多余色彩平衡效果。

STEP8 单击按钮，选择【色彩平衡】命令，设置参数为：-75，8，42。

STEP9 设置“色彩平衡 2”的【混合模式】为：柔光。

STEP10 选择【画笔工具】，涂抹隐藏大海以外的色彩平衡效果。

STEP11 单击按钮，选择【曲线】命令，向上微调曲线弧度。

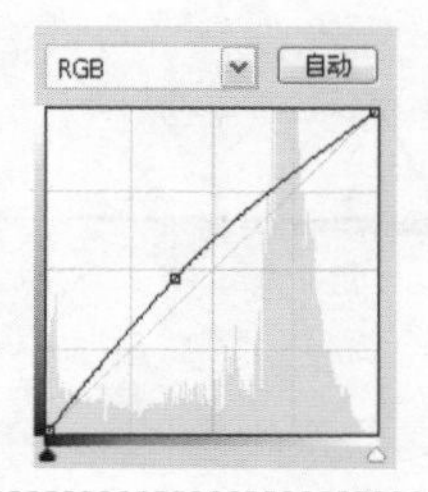

STEP12 设置“曲线 1”的【不透明度】为：60%，得到最终效果。

9.7 逆光照片调整细节

处理前

处理后

案例分析

本实例讲解“逆光照片调整细节”的方法。在制作过程中，主要运用了【曲线】调整命令与【画笔工具】、【模糊工具】相配合，调整图像局部或整体的曝光度，从而恢复暗部的细节。

源文件：素材与源文件/第9章/9.7/源文件/逆光照片调整细节.psd
素材：素材与源文件/第9章/9.7/素材/逆光照片.tif
视频教程：Video/09/09-7

STEP1 按【Ctrl+O】组合键，打开素材：逆光照片.tif。设置前景色为：黑色。

STEP2 单击按钮，选择【曲线】命令，向上微调曲线弧度，提高图像整体亮度。

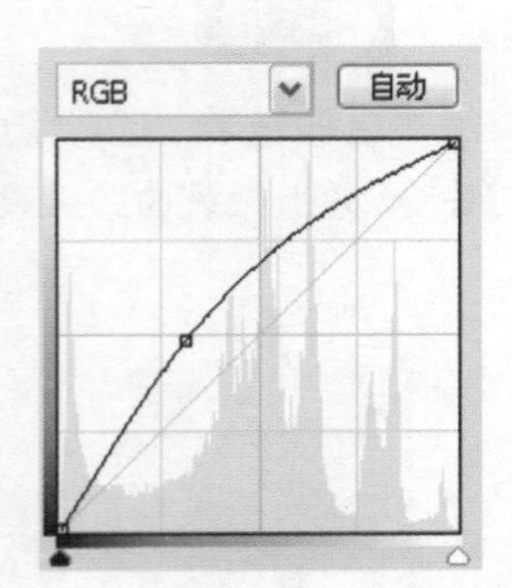

STEP3 执行【曲线】命令后，图像整体亮度提高。

STEP4 再次单击按钮，选择【曲线】命令，向上微调曲线弧度。提高图像整体亮度。

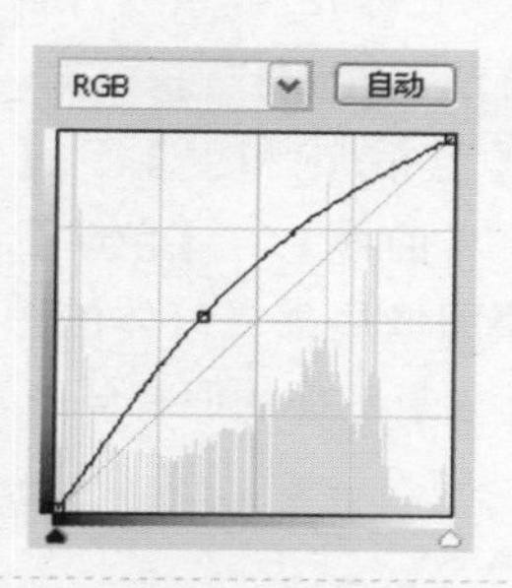

STEP5 执行【曲线】命令后，图像整体亮度提高。

STEP6 选择【画笔工具】，涂抹隐藏面部以外的曲线效果并盖印可视图层。

STEP7 选择【模糊工具】，涂抹人像皮肤，进行模糊磨皮处理从而减少暗部噪点。

STEP8 单击按钮，选择【色阶】命令，设置参数为：22，1.18，255。

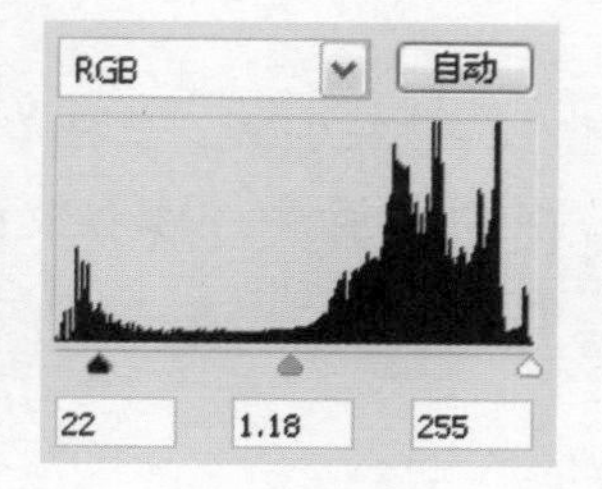

STEP9 执行【色阶】命令后，最终效果制作完毕。

剖析知识点：

曲线

曲线调整是选项最丰富、功能最强大的颜色调整工具，它允许调整图像色调曲线上的任意一点。

输入：显示原来图像的亮度值，与色调曲线的水平轴相同。

输出：显示图像处理后的亮度值，与色调曲线的垂直轴相同。

光谱条：单击图标下边的光谱条，可在黑色和白色之间切换。

9.8 褪色照片恢复光彩

处理前

处理后

案例分析

本实例讲解“褪色照片恢复光彩”的方法。在制作过程中，主要运用了【色相/饱和度】、【色彩平衡】、【曲线】、【色阶】等命令，调整图像局部或整体的图像色彩，从而恢复图像的原有色彩。

源文件：素材与源文件/第9章/9.8/源文件/褪色照片恢复光彩.psd
素材：素材与源文件第9章/9.8/素材/褪色照片.tif
视频教程：Video/09/09-8

STEP1 按【Ctrl+O】组合键，打开素材：褪色照片.tif。设置前景色为：黑色。

STEP2 单击按钮，选择【色相/饱和度】命令，设置参数为：0，+55，0。

STEP3 执行【色相/饱和度】命令后，图像整体色彩变得更加鲜艳。

STEP4 单击按钮，选择【色彩平衡】命令，设置参数为：-12，+16，+40，增强图像蓝色像素并减少红色像素。

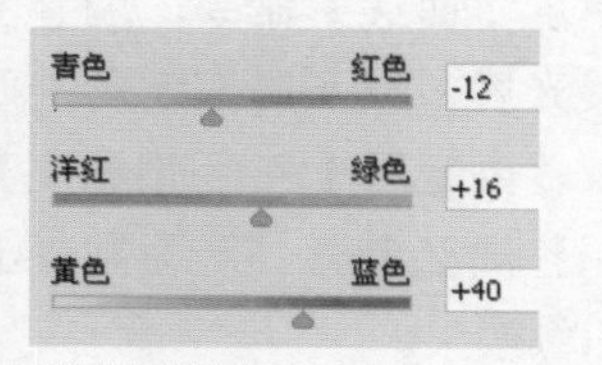

STEP5 执行【色彩平衡】调整命令后，图像整体色彩变得更加自然。

STEP6 单击按钮，选择【曲线】命令，设置【通道】为：绿，并向上调整曲线弧度。

STEP7 执行【曲线】调整命令后，图像绿色像素提高。

STEP8 选择【画笔工具】，隐藏人物位置的曲线效果。

STEP9 再次单击按钮，选择【曲线】命令，设置【通道】为：红，并向上微调曲线弧度。

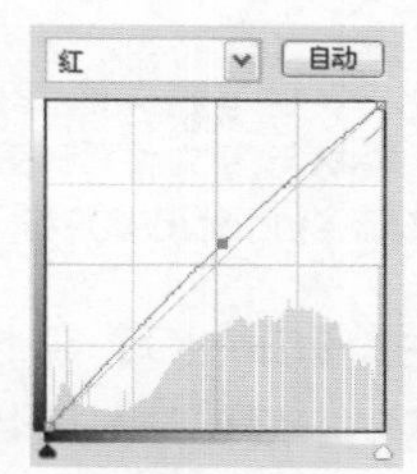

STEP10 设置【通道】为：蓝，并向上微调曲线弧度。

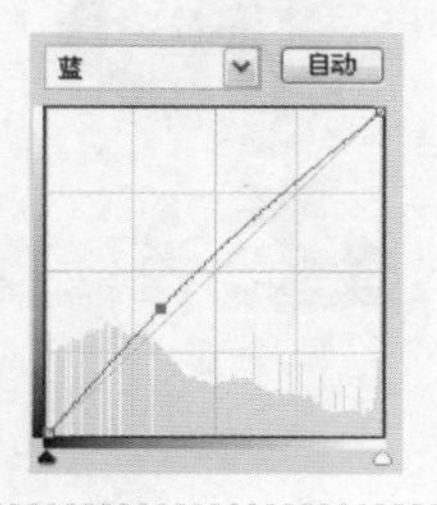

STEP11 执行【曲线】命令后，图像整体色彩更加和谐。

STEP12 单击按钮，选择【色阶】命令，设置参数为：0，0.78，244 后，最终效果制作完毕。

9.9 局部曝光过度修复

处理前

处理后

案例分析

本实例讲解“局部曝光过度修复”的方法。在制作过程中，主要运用了【曲线】命令，调整图像局部曝光度，以及局部色彩的明暗度，然后再运用【色相/饱和度】等命令调整局部色彩，从而制作出满意的图像效果。

源文件：素材与源文件/第9章/9.9/源文件/局部曝光过度修复.psd
素材：素材与源文件/第9章/9.9/素材/局部曝光图片. tif
视频教程：Video/09/09-9

STEP1 按【Ctrl+O】组合键，打开素材：局部曝光图片 .tif。设置前景色：黑色。

STEP2 单击按钮 ，选择【曲线】命令，向下调整曲线弧度，降低图像整体亮度。

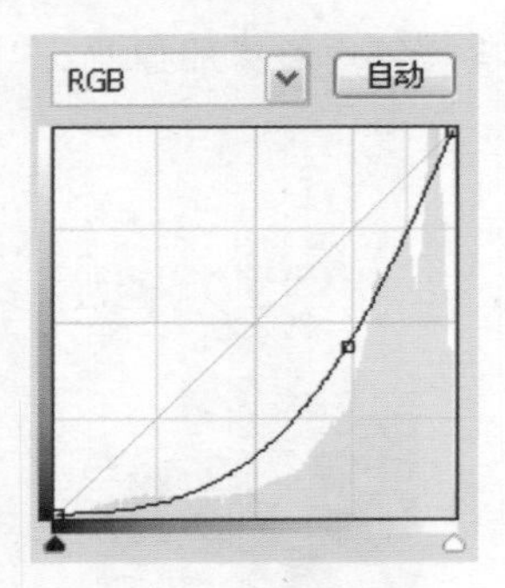

STEP3 执行【曲线】命令后，整理亮度降低，并且面板将自动生成该命令的蒙版缩览图。

STEP4 选择【画笔工具】，设置【不透明度】为：20%，在窗口涂抹隐藏左侧墙壁与左侧面部的部分曲线效果。

STEP5 单击按钮，选择【色相/饱和度】命令，设置参数为：0，-31，0。

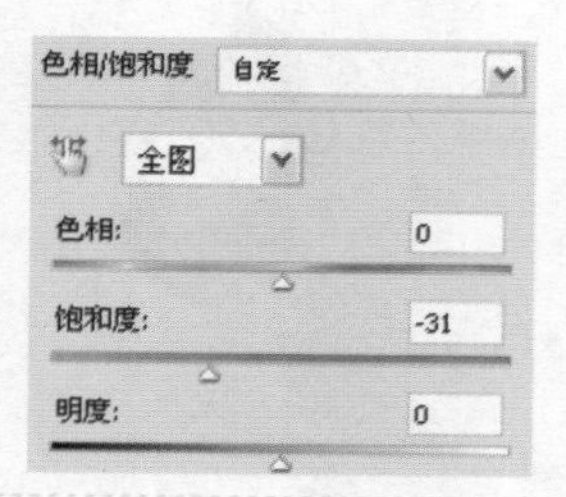

STEP6 执行【色相/饱和度】命令后，图像整体饱和度降低。

STEP7 选择【画笔工具】，设置【不透明度】为：80%，在窗口涂抹隐藏人物面部以外的所有色相/饱和度效果。

STEP8 单击按钮，选择【曲线】命令，设置【通道】为：红，向下调整曲线弧度。

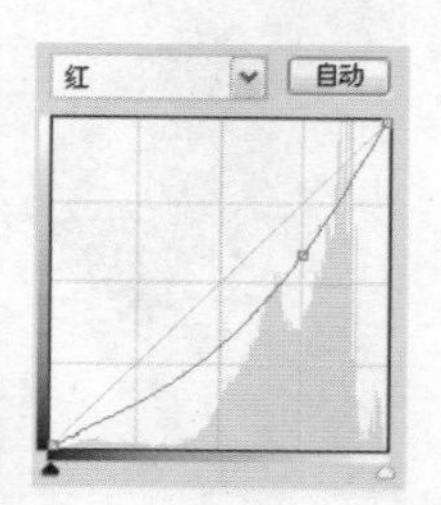

STEP9 执行【曲线】命令后，图像整体红色像素降低，且蓝色像素突出。

STEP10 选择【画笔工具】，在窗口涂抹隐藏人物位置的曲线效果。

STEP11 选择【画笔工具】，选择【画笔】为：粉笔60像素，设置【主直径】为：90。

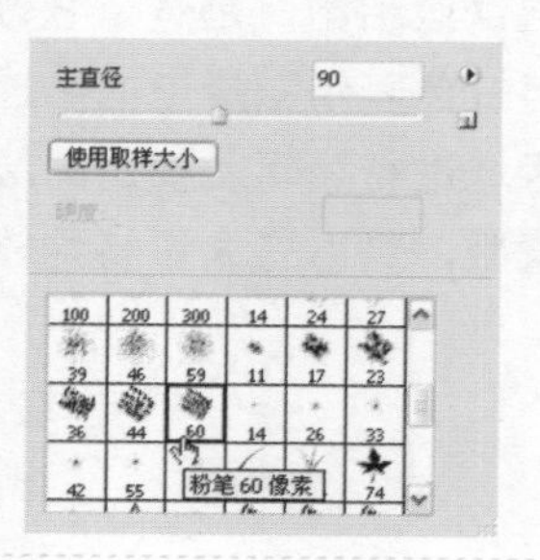

STEP12 返回文件窗口在墙壁粉色像素处涂抹，进一步隐藏该位置的曲线效果。

STEP13 单击按钮 ，选择【曲线】命令，设置【通道】为：RGB，并向上微调曲线弧度。

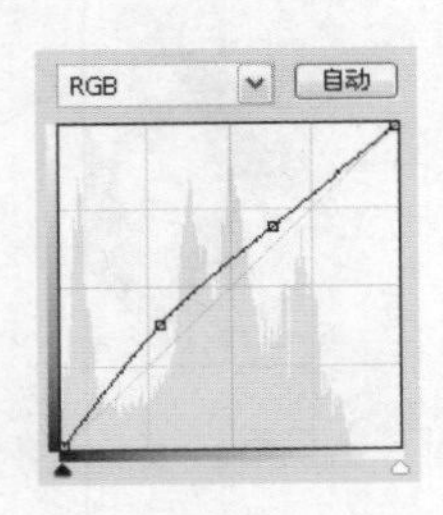

STEP14 执行【曲线】命令后，图像整体亮度提高。

STEP15 选择【画笔工具】，选择【柔角画笔】并涂抹隐藏人物左侧面部以外的曲线效果。

STEP16 单击按钮 ，选择【曲线】命令，设置【通道】为：RGB，并向下调整曲线弧度。

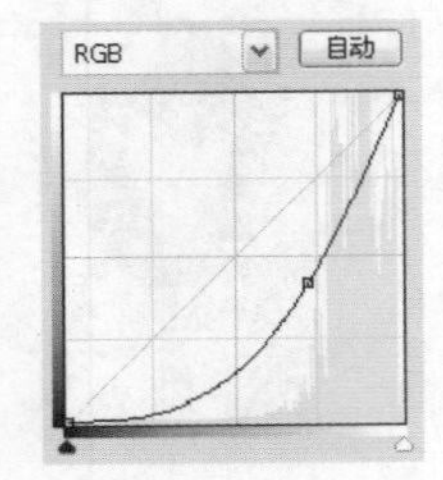

STEP17 执行【曲线】命令后，图像整体亮度降低。

STEP18 选择【画笔工具】，隐藏右上侧墙壁以外的曲线效果后，最终效果制作完毕。

剖析知识点：

调整命令的蒙版缩览图与图层蒙版相同，是一个 8 位灰度图像，黑色表示图层的透明部分，白色表示图层的不透明部分，灰色表示图层中的半透明部分。编辑图层蒙版，实际上就是对蒙版中黑、白、灰三个色彩区域进行编辑。使用图层蒙版可以控制图层中的不同区域如何被隐藏或显示。通过更改图层蒙版，可以将大量特殊效果应用到图层，而不会影响该图层上的像素。

9.10 冷色调变暖色调

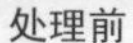
处理前

处理后

案例分析

本实例讲解“冷色调变暖色调”的方法。在制作过程中，主要运用了【色彩平衡】、【自然饱和度】、【色阶】等命令将图像色彩恢复自然，再运用【曲线】内的【通道】制作乱色调效果并运用【高斯模糊】与【混合模式】命令制作柔美朦胧的艺术视觉效果。

源文件：素材与源文件/第9章/9.10/源文件/冷色调变暖色调.psd
素材：素材与源文件/第9章/9.10/素材/冷色调图片.tif
视频教程：Video/09/09-10

STEP1 按【Ctrl+O】组合键，打开素材：冷色调图片.tif。

STEP2 单击按钮，选择【色彩平衡】命令，设置参数为：90，-61，-100。

STEP3 单击按钮，选择【自然饱和度】命令，设置参数为：45，-42。

STEP4 单击按钮，选择【色阶】命令，设置【通道】为：红，参数为：8，1.00，253。

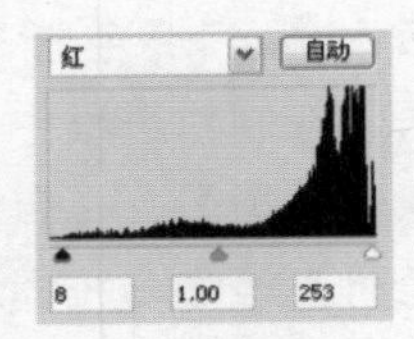

STEP5 设置【通道】为：绿，参数为：13，1.00，252。

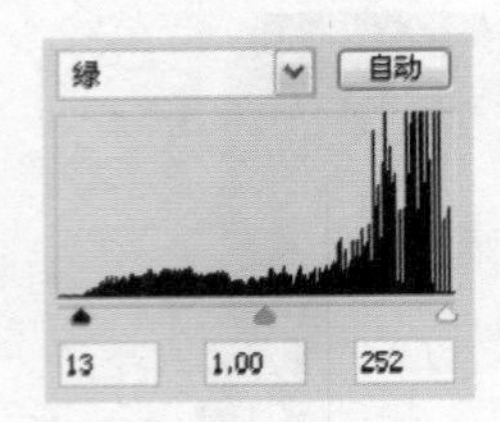

STEP6 设置【通道】为：蓝，参数为：13，1.00，252。

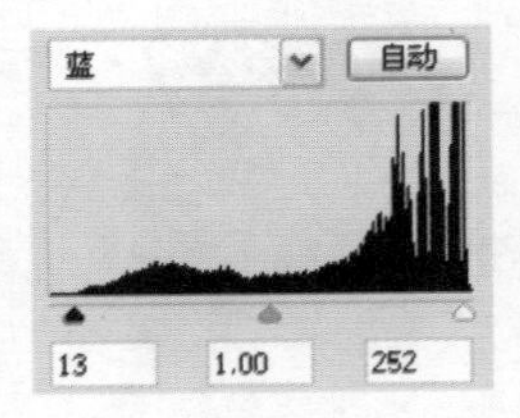

STEP7 执行【色阶】命令后，图像整体对比度加强且色彩对比度恢复自然。

STEP8 单击按钮，选择【曲线】命令，设置【通道】为：红，向上调整曲线弧度。

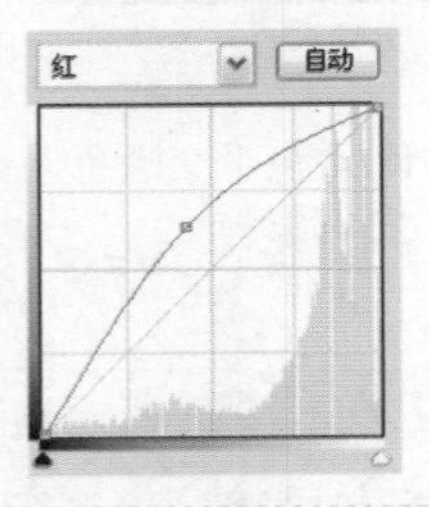

STEP9 设置【通道】为：蓝，向下调整曲线弧度。

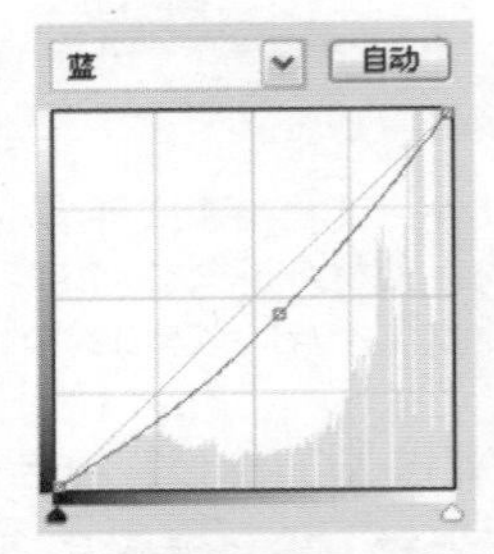

STEP10 执行【曲线】命令后，图像红色像素加强且蓝色像素降低。按【Shift+Ctrl+Alt+E】组合键，盖印可视图层。

STEP11 执行【滤镜】|【模糊】|【高斯模糊】命令，设置参数为：5。

STEP12 设置“图层 1”的【混合模式】为：柔光，【不透明度】为：35%。

STEP13 单击按钮 ，选择【曲线】命令，设置【通道】为：RGB，向下调整曲线弧度。

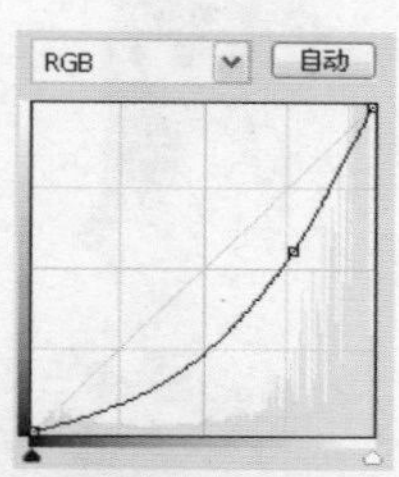

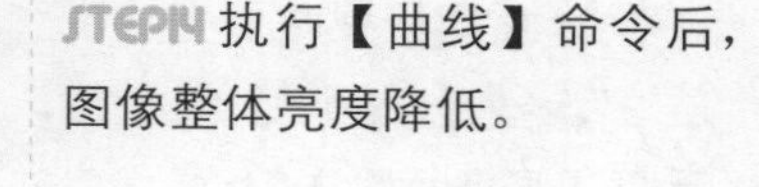

STEP14 执行【曲线】命令后，图像整体亮度降低。

STEP15 选择【画笔工具】，隐藏面部与桃心位置的曲线效果。

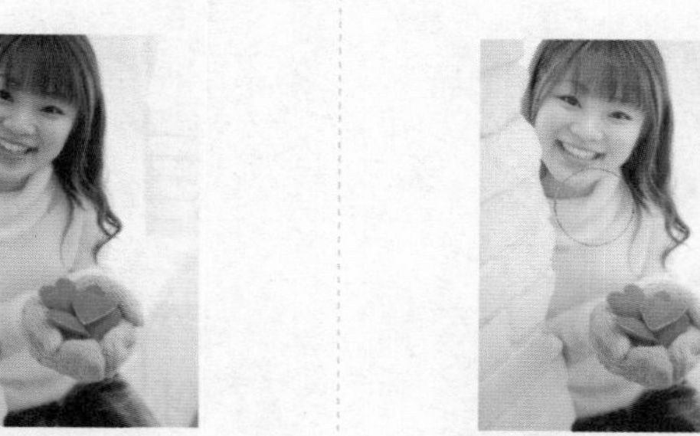

STEP16 单击按钮 ，选择【色彩平衡】命令，设置参数为：-16，16，29。

STEP17 单击按钮 ，选择【色相/饱和度】命令，设置参数为：0，39，0。

STEP18 选择【画笔工具】，隐藏桃心以外的所有色相/饱和度效果。

STEP19 设置背景色为：白色。选择【渐变工具】，设置渐变为：前景色到背景色渐变。

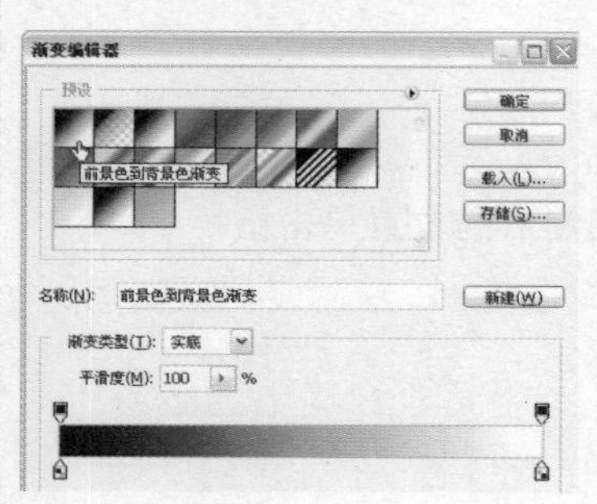

STEP20 新建"图层 2"单击【径向渐变】按钮，在窗口绘制渐变。

STEP21 设置"图层 2"的【混合模式】为：叠加，【不透明度】为：34%。

STEP22 单击按钮，选择【色彩平衡】命令，设置参数为：38，47，-13。

STEP23 盖印可视图层生成“图层 3”。按【Ctrl+F】组合键，重复【高斯模糊】命令。

STEP24 设置“图层 3”的【混合模式】为：正片叠底。

STEP25 选择【画笔工具】，隐藏面部与桃心位置的正片叠底效果。

STEP26 单击按钮，选择【色阶】命令，设置参数为：0，0.55，252。

STEP27 选择【画笔工具】，隐藏面部与桃心位置的色阶效果后，最终效果制作完毕。

剖析知识点：

曲线

在曲线上可随意添加控制点，方法是：直接在需要添加控制点的位置单击鼠标。

删除控制点的方法有以下三种。

（1）选中控制点拖到曲线图外。

（2）按住【Ctrl】键，单击需要删除的控制点。

（3）选择需要删除的控制点，按【Delete】键删除。

9.11 数码人像改变为单色

处理前

处理后

案例分析

本实例讲解“数码人像改变为单色”的方法。在制作过程中，主要运用了【色相/饱和度】命令，制作单色效果，然后再运用【混合模式】与【高斯模糊】命令制作柔光艺术效果。

源文件：素材与源文件/第9章/9.11/源文件/数码人像改变为单色.psd
素材：素材与源文件/第9章/9.11/素材/单车女孩. tif
视频教程：Video/09/09-11

STEP1 按【Ctrl+O】组合键，打开素材：单车女孩 .tif。

STEP2 单击按钮，选择【色相 / 饱和度】命令，勾选【着色】单选框，并设置参数为：183，28，0。

STEP3 盖印图层执行【高斯模糊】命令，设置参数为：5。设置【混合模式】为：柔光。

9.12 使照片色彩更有层次

处理前

处理后

案例分析

本实例讲解“使照片色彩更有层次”的方法。在制作过程中，主要运用了【色阶】命令，调整图像的整体对比度，使其的色彩更加鲜艳并且具有层次感。

源文件：素材与源文件/第9章/9.12/源文件/使照片色彩更有层次.psd
素材：素材与源文件/第9章/9.12/素材/野花. tif
视频教程：Video/09/09-12

STEP1 按【Ctrl+O】组合键，打开素材：野花 .tif。

STEP2 单击按钮 ，选择【色阶】命令，设置参数为：0，0.59，255。

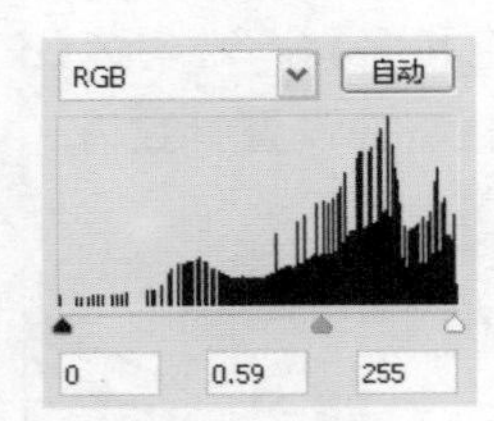

STEP3 执行【色阶】命令后，图像最终效果制作完毕。

剖析知识点：

色阶：用于调整图像的明暗程度。色阶调整是使用高光、中间调和暗调三个变量进行图像色调调整。这个命令不仅可以对整个图像进行操作，也可以对图像的某一区域、某一图层图像，或者某一个颜色通道进行操作。

9.13　数码人像模糊变清晰

处理前

处理后

案例分析

本实例主要讲解“数码人像模糊变清晰”的方法。在制作过程中，主要运用了【高反差保留】命令与【混合模式】配合，修复模糊不清的数码照片，然后运用【色阶】、【曲线】等命令调整图像整体对比度，从而使细节更加清晰明确。

源文件：素材与源文件/第9章/9.13/源文件/数码人像模糊变清晰.psd
素材：素材与源文件/第9章/9.13/素材跑焦模糊的照片.tif
视频教程：Video/09/09-13

STEP1 按【Ctrl+O】组合键，打开素材：跑焦模糊的照片.tif。按【Ctrl+J】组合键，复制生成“图层 1”。

STEP2 执行【滤镜】|【其它】|【高反差保留】命令，设置参数为：3.0。

STEP3 设置“图层 1”的【混合模式】为：叠加。

STEP4 单击按钮，选择【色阶】命令，设置【通道】为：红，参数为：40，1.00，254。

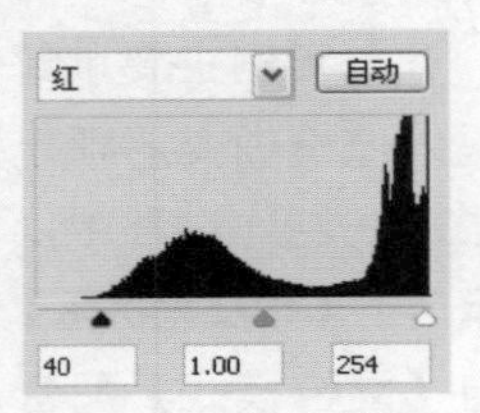

STEP5 设置【通道】为：绿，参数为：29，1.00，251。

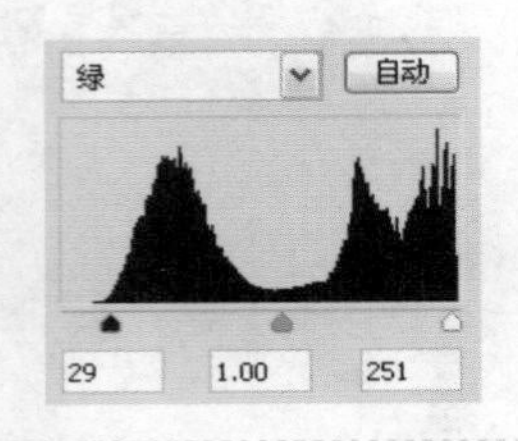

STEP6 设置【通道】为：蓝，参数为：15，1.00，249。

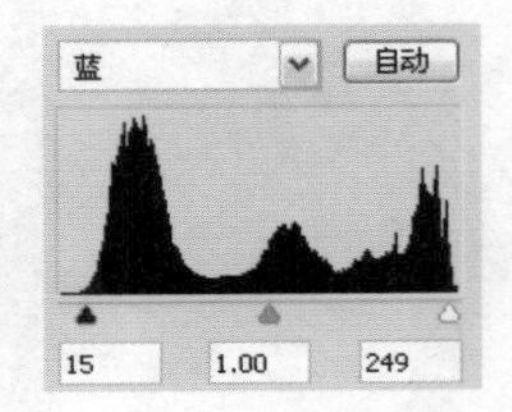

STEP7 执行【色阶】命令后，图像整体色彩对比度加强。

STEP8 单击按钮，选择【曲线】命令，稍微向上调整曲线弧度。

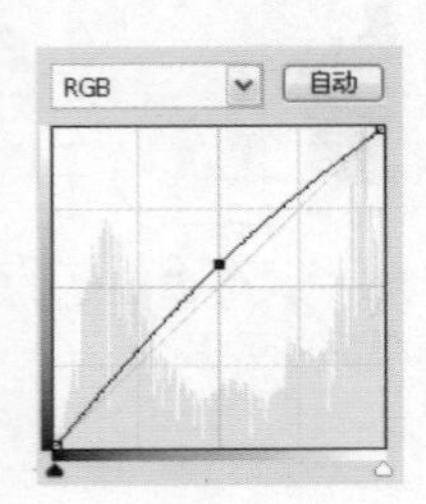

STEP9 执行【曲线】命令后，最终效果制作完毕。

剖析知识点：

高反差保留：

该滤镜可以在图像明显的颜色过渡处，保留指定半径内的边缘细节，并忽略图像颜色反差较低区域的细节。

曲线：

调整曲线的形状可使图像的颜色、亮度、对比度等发生改变。使用下列任意方法均可调整曲线。

（1）用鼠标拖动曲线。

（2）在曲线上添加控制点或选择一个控制点，然后在【输入】和【输出】文本框中分别输入新的纵横坐标值。

（3）单击【曲线】面板中的【通过绘制来修改曲线】按钮在曲线图中绘制新曲线，然后单击【平滑曲线值】按钮使曲线平滑。

9.14　三种常用抠图技巧

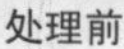

处理前

处理后

案例分析

本实例讲解三种常用抠图技巧。在制作过程中，主要运用了【快速选择工具】、【魔棒工具】、【钢笔工具】等对图像进行抠图处理。

源文件：素材与源文件/第9章/9.14/源文件/三种常用抠图技巧.psd
素材：素材与源文件/第9章/9.14/素材/荷花.tif
视频教程：Video/09/09-14

STEP1 按【Ctrl+O】组合键，打开素材：荷花.tif。按【D】键恢复默认前景色与背景色。

STEP2 单击【快速选择工具】，单击【画笔】下拉按钮打开面板，设置参数为：8，100%，25%。

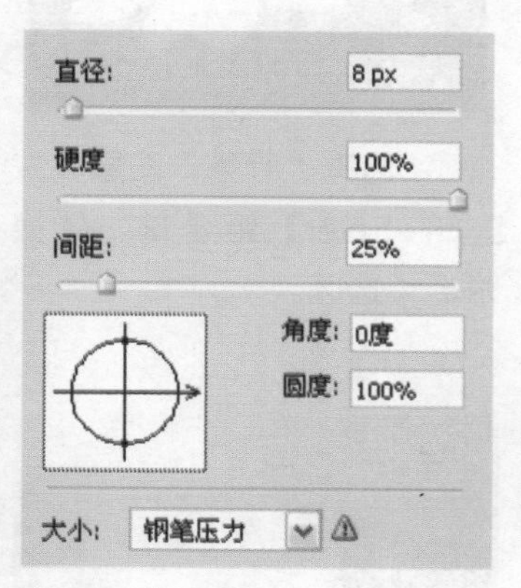

STEP3 返回文件窗口，在荷花图像上单击，载入选区并执行【选择】|【修改】|【羽化】命令，设置参数为：1。单击【确定】按钮，观察图像效果。

STEP4 按【Ctrl+J】组合键，复制选区内容到“图层 1”并单击“背景”图层的【指示图层可见性】按钮，隐藏该图层观察图像效果。

STEP5 显示背景图层，复制【红】通道并按【Ctrl+L】组合键打开【色阶】对话框，设置参数为：145，1.00，147。

STEP6 选择【画笔工具】，设置尖角画笔，在荷花图像外涂抹绘制颜色。

STEP7 设置前景色为：白色，选择【画笔工具】，在右下侧花瓣上绘制颜色。

STEP8 选择【魔棒工具】，勾选【连续】复选框，在白色像素上单击载入选区。

STEP9 选择“背景”图层复制选区内容并隐藏“背景”观察图像效果。

STEP10 显示“背景”选择【钢笔工具】，单击【路径】按钮，沿荷花外轮廓绘制闭合路径。

STEP11 选择“背景”图层并按【Ctrl+Enter】组合键，转换路径为选区。

STEP12 复制选区内容并隐藏“背景”图层，观察最终效果。

9.15　去除照片上的折痕

处理前

处理后

案例分析

本实例主要讲解“去除照片上的折痕”的方法。在制作过程中，主要运用了【仿制图章工具】对折痕进行修补仿制处理，最后再运用【色阶】命令调整图像整体对比度，从而使图像细节更加清晰明确。

源文件：素材与源文件/第9章/9.15/源文件/去除照片上的折痕.psd
素材：素材与源文件/第9章/9.15/素材/折痕照片. tif
视频教程：Video/09/09-15

STEP1 按【Ctrl+O】组合键，打开素材：折痕照片 .tif。按【Ctrl+J】组合键，复制生成“图层 1”。

STEP2 选择【仿制图章工具】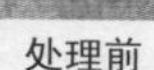，在属性栏上设置【画笔】为：80。按住【Alt】键不放，在折痕左侧的完整区域单击取样。

STEP3 松开【Alt】键后，涂抹需要覆盖的区域。此时可观察到文件窗口中将生成十字图标，该图标就是将要被修补区域的源。

STEP4 再次按住【Alt】键不放，在花束的完整区域单击取样。

STEP5 松开【Alt】键后，涂抹花束上侧需要覆盖的区域。

STEP6 反复使用相同方法对其他折痕进行修补仿制。

STEP7 单击按钮 ，选择【色阶】命令，设置【通道】为：红，参数为：6，1.00，253。

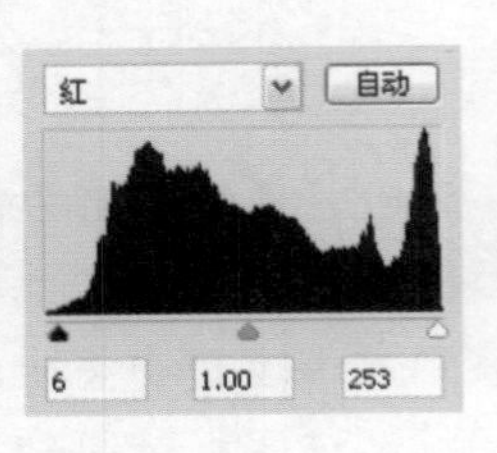

STEP8 设置【通道】为：绿，参数为：7，1.00，253，设置【通道】为：蓝，参数为0，1.00，233。

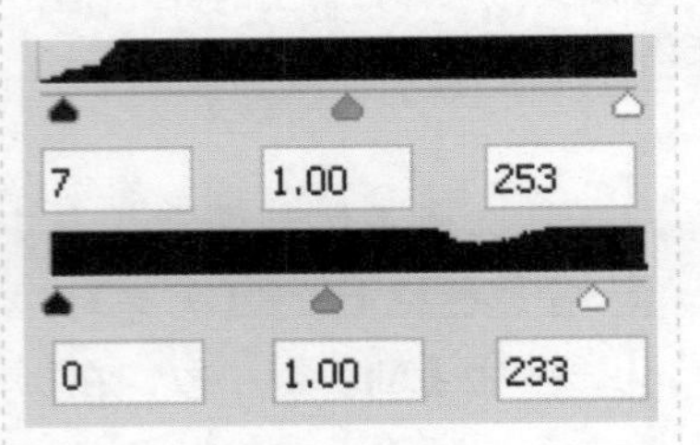

STEP9 执行【色阶】命令后，图像整体色彩对比度加强，得到最终效果。

剖析知识点：

仿制图章工具：一般用于合成特技效果。它可以准确复制图像的一部分或全部，从而产生部分或全部的拷贝，它是修补图像时经常用到的，其功能是以指定的像素点为复制基准点，将该基准点周围的图像复制到任何地方。

对齐的：用于控制是否在复制时使用对齐功能。如果选中该复选框，则当定位复制基准点之后，系统将一直以首次单击点为对齐点，这样即使在复制的过程中松开鼠标，分几次复制，图像也可以得到完整的复制。如果未选中该复选框，那么在复制的过程中松开鼠标后，继续进行复制时，将以新的单击点为对齐点，重新复制基准点周围的图像。

用于所有图层：可以将所有可见图层作为复制的样本。若未选中该复选框，则只有当前激活区域可以作为样本使用。

9.16　去除照片上的污点

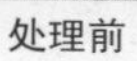
处理前

处理后

案例分析

本实例主要讲解“去除照片上的污点”的方法。在制作过程中，主要运用了【修补工具】、【仿制图章工具】、【修复画笔工具】等去除污渍图形，再运用【钢笔工具】与【曲线】命令调整整体对比度。

源文件：素材与源文件/第9章/9.16/源文件/去除照片上的污点.psd
素材：素材与源文件/第9章/9.16/素材/污渍照片. tif
视频教程：Video/09/09-16

STEP1 按【Ctrl+O】组合键，打开素材：污渍照片 .tif。按【Ctrl+J】组合键，复制生成“图层 1”。

STEP2 选择【修补工具】，在属性栏上设置【修补】为：源，在墙壁区域绘制选区，框选污渍部分。

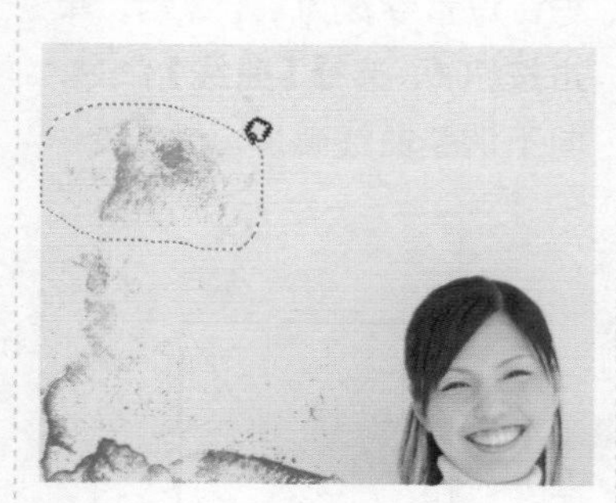

STEP3 拖动选区内容到右侧洁净的墙壁区域处，对选区内容进行修补处理。

STEP4 按【Ctrl+D】组合键取消选区观察图像效果。

STEP5 选择【仿制图章工具】，按住【Alt】键不放，在污渍上侧洁净的墙壁区域单击取样。

STEP6 松开【Alt】键在污渍处涂抹，对其进行仿制。此时可观察到窗口中显示的十字图标便是被修补处的源。

STEP7 选择【修复画笔工具】，按住【Alt】键不放，在污渍上侧洁净的墙壁区域单击取样。

STEP8 松开【Alt】键在污渍处涂抹，对其进行修复覆盖。

STEP9 反复使用以上方法，对污渍进行修补处理。

STEP10 选择【钢笔工具】，沿人物外轮廓绘制路径，转换路径为选区并反选选区。

STEP11 打开【羽化选区】对话框，设置参数为：1像素，单击按钮，选择【曲线】命令，向下调整曲线弧度。

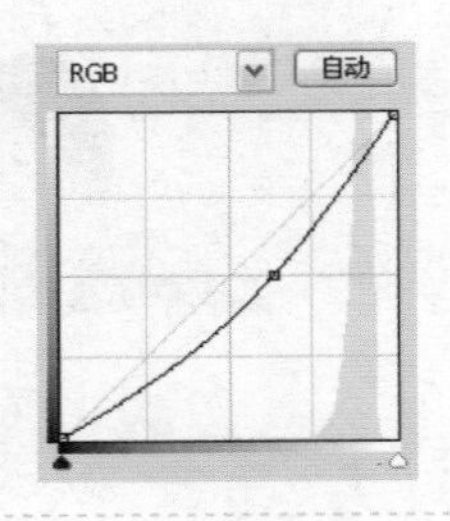

STEP12 执行【曲线】命令后，最终效果制作完毕。

9.17　去除照片上的日期

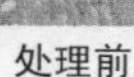

处理前

处理后

案例分析

本实例讲解“去除照片上的日期”的方法。在制作过程中，主要运用了【修复画笔工具】去除日期图像效果，再运用【色阶】、【曲线】等命令调整整体亮度与对比度。

源文件：素材与源文件/第9章/9.17/源文件/去除照片上的日期.psd
素材：素材与源文件/第9章/9.17/素材/郊游. tif
视频教程：Video/09/09-17

STEP1 按【Ctrl+O】组合键，打开素材：郊游.tif。按【Ctrl+J】组合键，复制生成“图层 1”。

STEP2 选择【污点修复画笔工具】，单击【画笔】下拉按钮打开面板，设置参数为：140，0%，25%。

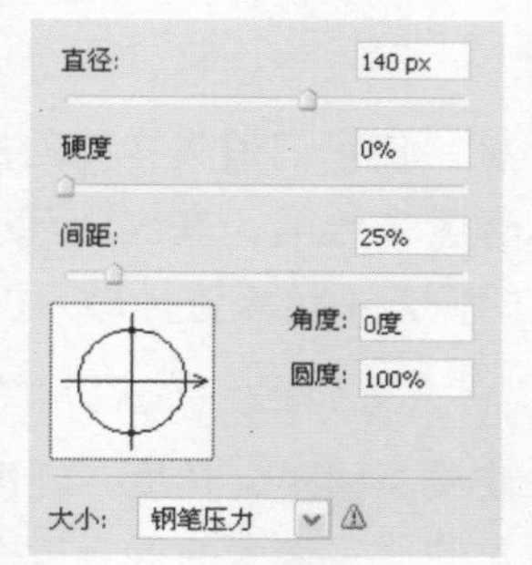

STEP3 按住【Alt】键不放，在日期上侧单击取样。

STEP4 松开【Alt】键后，涂抹需要覆盖的日期区域。

STEP5 使用相同方法反复对需要覆盖的日期区域进行处理。

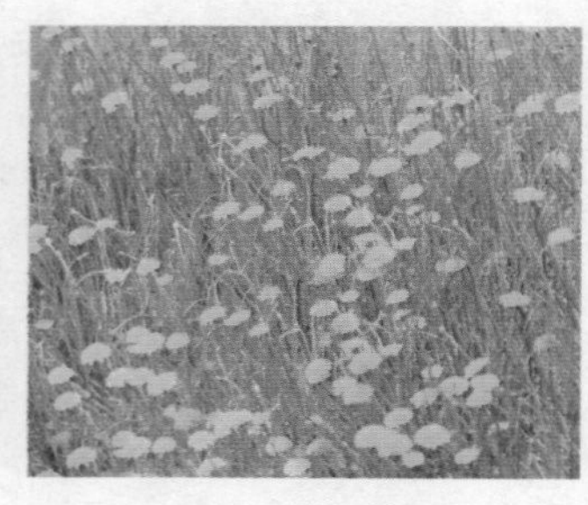

STEP6 观察处理后的图像效果。

STEP7 单击按钮，选择【色阶】命令，设置参数为：14，0.89，230。

STEP8 单击按钮，选择【曲线】命令，向上微调曲线弧度。

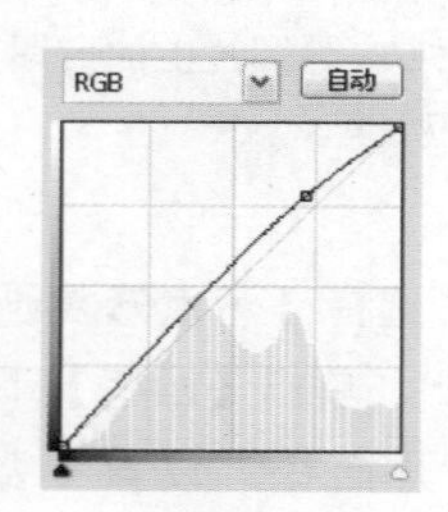

STEP9 执行【曲线】命令后，最终效果制作完毕。

剖析知识点：

修复画笔工具：可用于校正瑕疵，使它们消失在周围的图像中。与仿制工具一样，该工具还可以利用图像或图案中的样本像素来绘画。其次还可以将样本像素的纹理、光照和阴影与源像素进行匹配，从而使修复后的像素不留痕迹地融入图像的其余部分。

修复画笔工具属性栏设置：

画笔：设置修复画笔的直径、硬度、间距、角度、圆度等。

模式：设置修复画笔绘制的像素和原来像素的混合模式。

源：设置用于修复像素的来源。选择【取样】选项，则使用当前图像中定义的像素进行修复；选择【图案】选项，则可从后面的下拉菜单中选择预定义的图案对图像进行修复。

对齐的：设置对齐像素的方式，与其他工具类似。

9.18　旧照片翻新效果

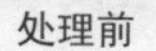

处理前

处理后

案例分析

本实例讲解“旧照片翻新效果”的方法。在制作过程中，主要运用了【修补工具】对撕裂处进行修补处理，再运用【色彩平衡】调整图像局部色彩，最后再运用【画笔工具】与【混合模式】配合，为人物添加彩色效果。

源文件：素材与源文件/第9章/9.18/源文件/旧照片翻新效果.psd
素材：素材与源文件/第9章/9.18/素材/旧照片.tif
视频教程：Video/09/09-18

STEP1 按【Ctrl+O】组合键，打开素材：旧照片.tif. 按【Ctrl+J】组合键复制生成“图层 1”。

STEP2 选择【矩形选框工具】，在窗口左上侧的撕裂图像四周绘制矩形选区。

STEP3 选择【修补工具】，拖动选区内容到撕裂图像上侧的完整区域处，对其进行修补处理。

STEP4 用相同方法反复对撕裂处进行修补处理后，按【Ctrl+D】组合键取消选区。

STEP5 单击按钮，选择【色彩平衡】命令，设置参数为：-34，26，-24。

STEP6 设置“色彩平衡1”的【混合模式】为：柔光。并设置前景色为：黑色。

STEP7 选择【画笔工具】，涂抹隐藏人物位置的色彩平衡效果并载入蒙版选区。

STEP8 单击按钮，选择【色彩平衡】命令，设置参数为：-58，13，47。

STEP9 新建“图层2”设置前景色为：粉色，选择【画笔工具】，在皮肤处绘制颜色。

STEP10 设置“图层2”的【混合模式】为：柔光。

STEP11 新建“图层3”设置前景色为：深蓝色，选择【画笔工具】，在衣服处绘制颜色。

STEP12 设置“图层3的【混合模式】为：柔光，得到最终效果。

第10章 照片人物美化技巧

本章将以“去除脸部瑕疵”、“打造水嫩肌肤”、“绚丽多彩的眼影”、“衣服变换颜色”和“黑白照片上色”等多个实例，为读者详细讲解人物照片的脸部皮肤、身体皮肤、眼睛、衣服和黑白照片等的修饰技法，希望读者能够在学习后举一反三，制作出更多精美的人物照片。

10.1 去除脸部瑕疵

处理前

处理后

案例分析

本例讲解“去除人物脸部的瑕疵”的方法，首先在【通道】面板中，复制【蓝】通道，执行【高反差保留】、【计算】等命令，然后选出脸部瑕疵的选区，并执行【曲线】命令，去掉脸部瑕疵，最后再对脸部细节进行处理，彻底去除瑕疵，使皮肤变得光滑亮泽。

源文件：素材与源文件/第10章/10.1/源文件/去除脸部瑕疵.psd
素材：素材与源文件/第10章/10.1/素材/瑕疵. tif
视频教程：Video/10/10-1

STEP1 执行【文件】|【打开】命令，打开素材图片：瑕疵 .tif。

STEP2 复制【蓝】通道，执行【滤镜】|【其他】|【高反差保留】命令，设置参数为：8，单击【确定】按钮。

STEP3 设置前景色为：灰色，选择【画笔工具】，涂抹五官和头发。

STEP4 执行【图像】|【计算】命令，设置【混合】选项为：亮光，生成【Alpha1】通道。

STEP5 选择【Alpha1】通道，按【Ctrl+I】组合键，显示反向图像颜色。

STEP6 按住【Ctrl】键，单击【Alpha1】通道的缩览图，载入选区，选择【RGB】通道。

STEP7 单击按钮 ，选择【曲线】命令，向上调整曲线弧度，减少脸上的瑕疵。

STEP8 盖印生成“图层 1”，执行【滤镜】|【模糊】|【表面模糊】命令，设置参数为：3，20，单击【确定】按钮。

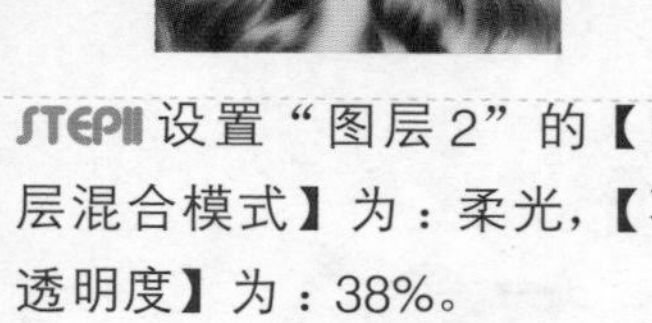

STEP9 单击按钮 ，为“图层 1”添加蒙版，选择【画笔工具】 ，涂抹脸部以外的图像，隐藏【表面模糊】效果。

STEP10 盖印生成“图层 2”，执行【滤镜】|【模糊】|【高斯模糊】命令，设置参数为：2，单击【确定】按钮。

STEP11 设置“图层 2”的【图层混合模式】为：柔光，【不透明度】为：38%。

STEP12 单击按钮 ，选择【色阶】命令，设置【红通道】参数为：32，1.00，250。最终效果制作完毕。

10.2 黄色牙齿变白

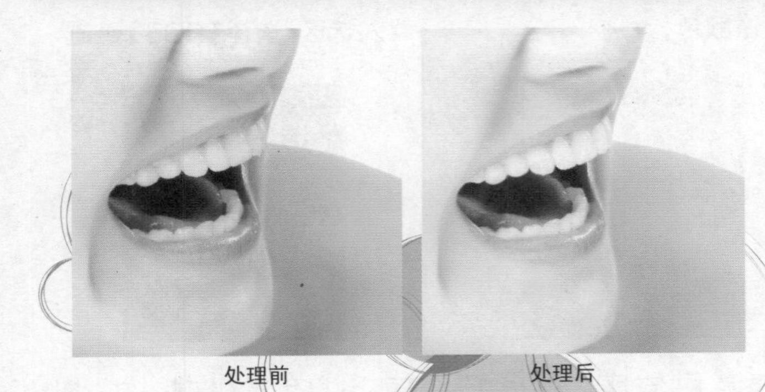
处理前　　处理后

案例分析

本例讲解如何将人物的黄色牙齿变为洁白牙齿，主要运用【钢笔工具】，绘制出牙齿选区，并去掉其颜色，再运用【亮度/对比度】、【色彩平衡】、【曲线】等命令，调整出洁白的牙齿效果。

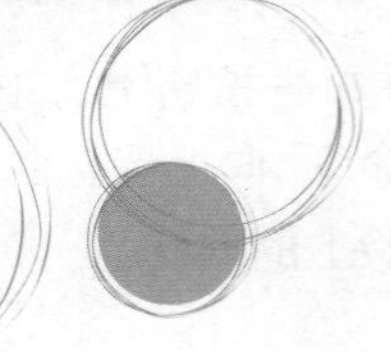

源文件：素材与源文件/第10章/10.2/源文件/黄色牙齿变白.psd
素材：素材与源文件/第10章/10.2/素材/黄牙齿.tif
视频教程：Video/10/10-2

STEP1 执行【文件】|【打开】命令，打开素材图片：黄牙齿.tif。

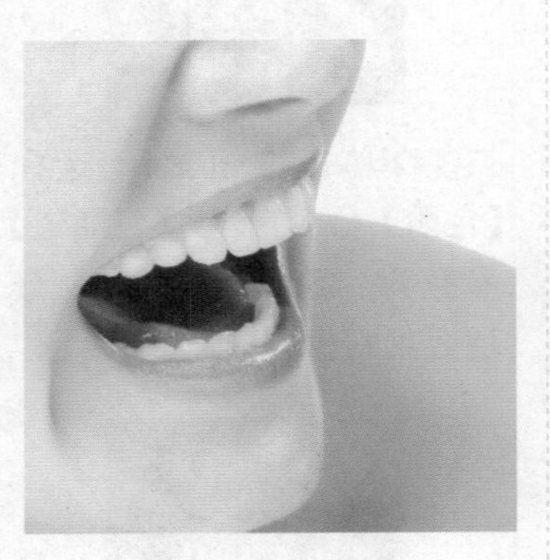

STEP2 单击按钮 ，选择【曲线】命令，向上调整曲线弧度，提高图像的亮度。

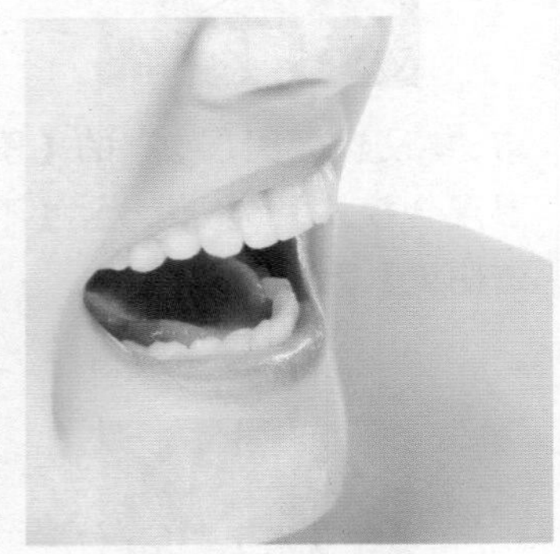

STEP3 按【Ctrl+Shift+Alt+E】盖印生成“图层 1”。执行【滤镜】|【模糊】|【表面模糊】命令，设置参数为：2，10。

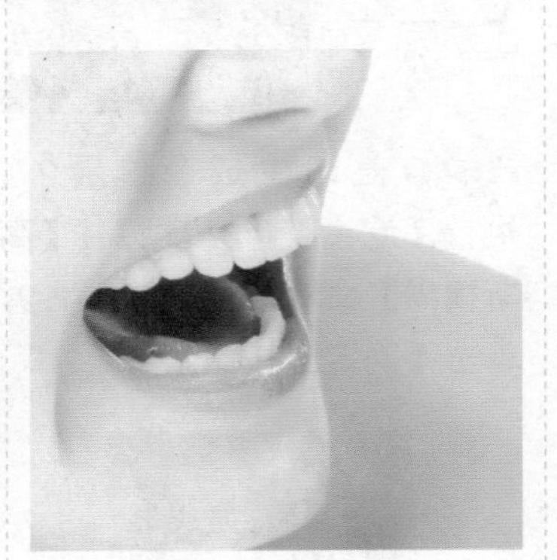

STEP4 选择【钢笔工具】，单击属性栏上的【路径】按钮，沿牙齿外轮廓绘制路径。

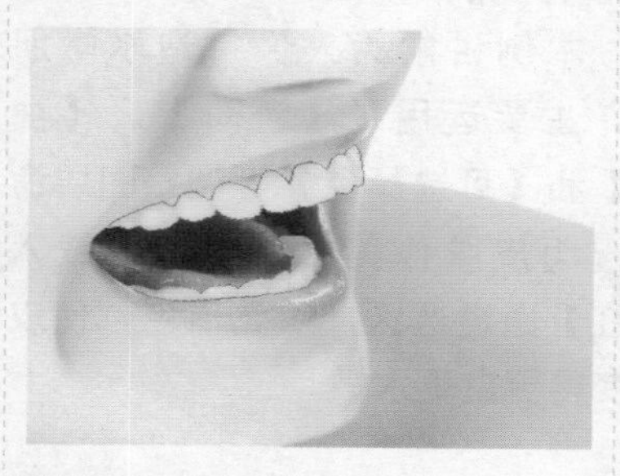

STEP5 按【Ctrl+Enter】组合键，转换为选区，按【Ctrl+J】组合键，复制到“图层 2。

STEP6 选择“图层 2”，按【Ctrl+Shift+U】组合键，将图像去色。

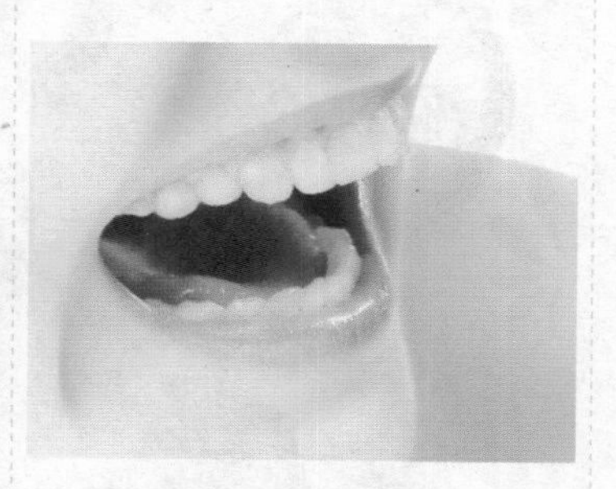

STEP7 载入“图层 2”选区，单击按钮，选择【亮度/对比度】命令，设置参数为：23，26。

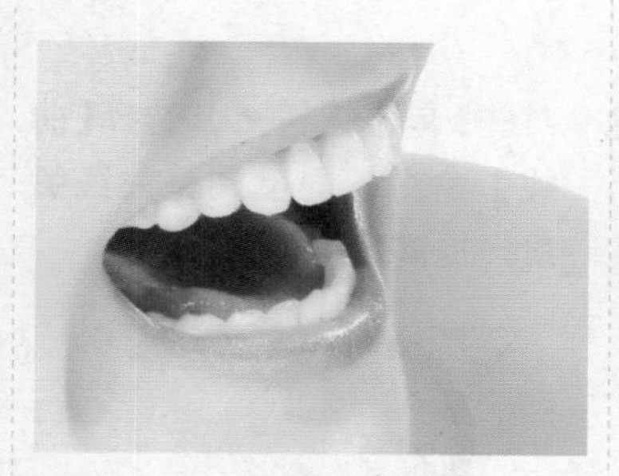

STEP8 载入“图层 2”选区，单击按钮，选择【色彩平衡】命令，设置参数为：+80，0，-17。

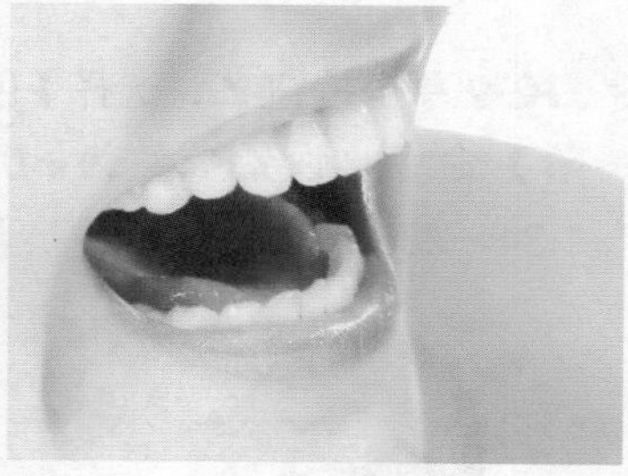

STEP9 载入“图层 2”选区，单击按钮，选择【照片滤镜】命令,设置【滤镜】为：深蓝，【浓度】为：10%。

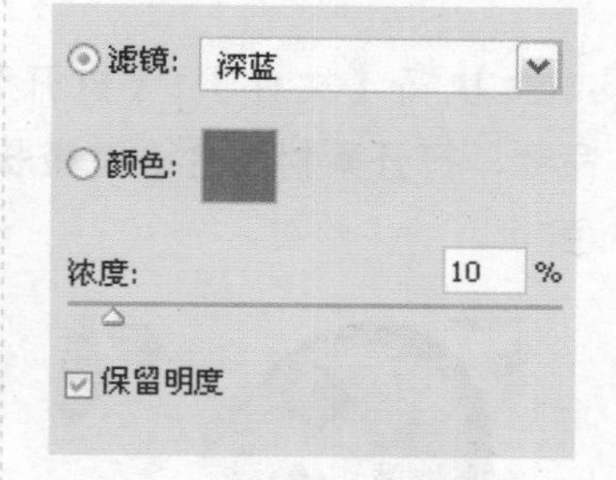

STEP10 载入【照片滤镜】命令后，牙齿变得更白更自然。

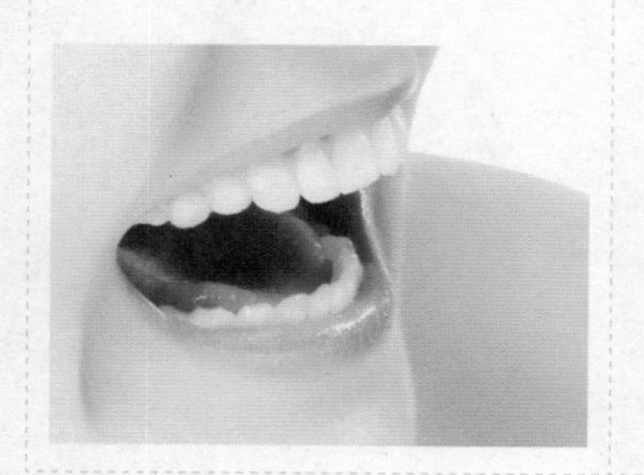

STEP11 载入“图层 2”选区，单击按钮，选择【曲线】命令，调整曲线弧度。

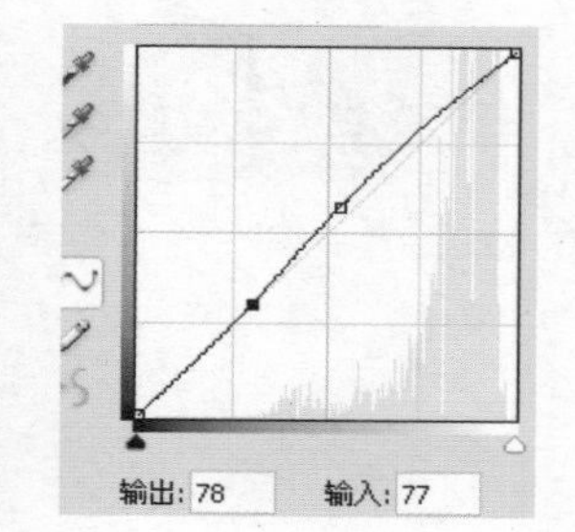

STEP12 执行【曲线】命令后，最终效果制作完毕。

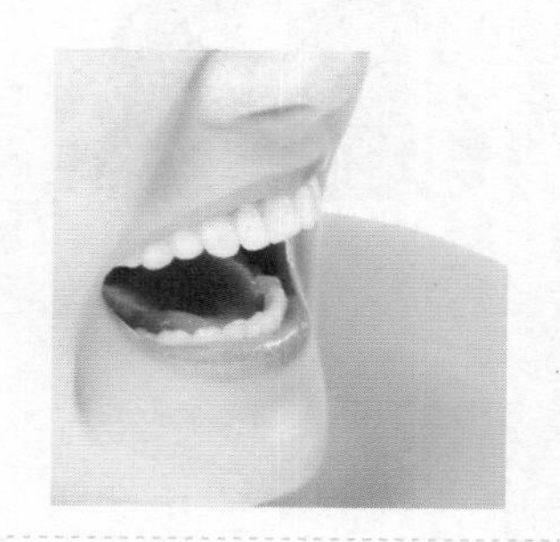

10.3 打造水嫩肌肤

处理前　　处理后

案例分析

本例讲解为人像打造水嫩肌肤，主要运用了【色阶】、【曲线】和【可选颜色】等调整图层命令，为皮肤作美白处理，再载入【红】通道选区，填充白色，使皮肤变得更白更水嫩。

源文件：素材与源文件/第10章/10.3/源文件/打造水嫩肌肤.psd
素材：素材与源文件/第10章/10.3/素材/健康肤色. tif
视频教程：Video/10/10-3

STEP1 执行【文件】|【打开】命令，打开素材图片：健康肤色 .tif。

STEP2 单击按钮 ◐.，选择【色阶】命令，设置参数为：0，1.34，236。

STEP3 单击按钮 ◐.，选择【曲线】命令，向上调整曲线弧度，提高图像的亮度。

STEP4 单击按钮，选择【可选颜色】命令，设置【红色】、【黄色】参数为：+48，+2，-21，-48 和 -19，+18，-9，-33。

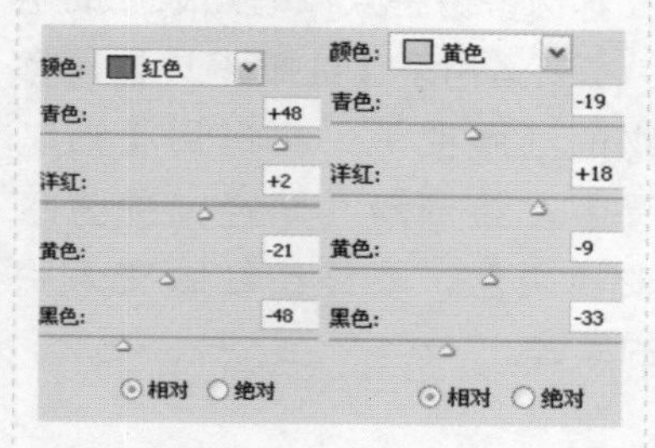

STEP5 执行【可选颜色】命令后，人物的皮肤明显变白了。

STEP6 按住【Ctrl】键，单击【红】通道缩览图，载入选区，按【Ctrl+Shift+I】反向选择选区。

STEP7 新建“图层 1”，设置前景色为：白色，填充选区为：白色，然后取消选区。

STEP8 设置其【图层混合模式】为：叠加，【不透明度】为:56%，选择【橡皮擦工具】，擦除树叶和花上的白色。

STEP9 单击按钮，选择【亮度/对比度】命令，设置参数为：-4，48。

STEP10 单击按钮，选择【色阶】命令，设置【RGB】和【红】通道参数为：9，0.89，255 和 43，1.22，252。

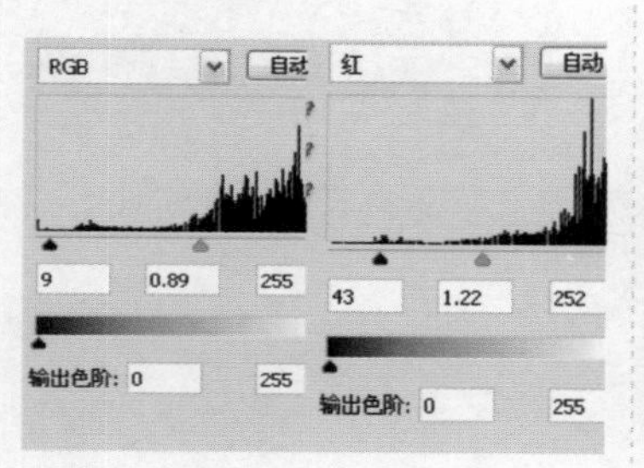

STEP11 选择【蓝】通道，设置参数为：0，1.08，153。盖印可见图层，生成“图层 2”，

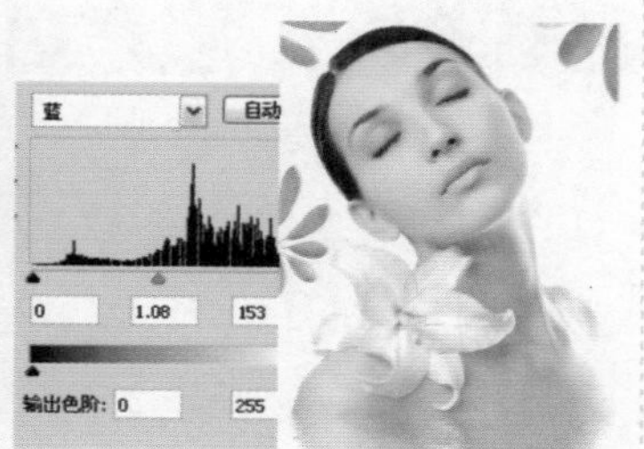

STEP12 选择【加深工具】，加深嘴唇和眼影颜色。最终效果制作完毕。

10.4 消除红眼

处理前

处理后

案例分析

本例讲解将人像的红眼变成明眸，主要运用了【红眼工具】，将人物的红眼变黑，再运用【钢笔工具】，绘制瞳孔路径，并为瞳孔变换颜色，最终使红眼变为明亮的黑眸。

源文件：素材与源文件/第10章/10.4/源文件/消除红眼效果.psd
素材：素材与源文件/第10章/10.4/素材/红眼. tif
视频教程：Video/10/10-4

STEP1 执行【文件】|【打开】命令，打开素材图片：红眼 .tif。

STEP2 选择【红眼工具】，在左侧的眼睛上绘制选区，框选眼睛。

STEP3 选区内的红眼被去除。

STEP4 选择【红眼工具】，在右侧的眼睛上绘制选区，框选眼睛。

STEP5 选区内的红眼被去除。

STEP6 选择【钢笔工具】，沿人物的眼球外轮廓绘制路径，并将路径转换为选区。

STEP7 新建“图层 1”，设置前景色为：黑橙色，填充选区颜色，然后取消选区。

STEP8 选择【橡皮擦工具】，涂抹瞳孔高光处，擦除颜色。

STEP9 设置“图层 1”的【图层混合模式】为：正片叠底，【不透明度】为：86%。

STEP10 载入“图层 1”选区，单击按钮，选择【曲线】命令，向上调整曲线弧度。

STEP11 载入“图层 1”选区，单击按钮，选择【色相/饱和度】命令，设置参数为：0，-31，0。

STEP12 选择【加深工具】，加深嘴唇和眼影颜色。最终效果制作完毕。

10.5 绚丽多彩的眼影

处理前

处理后

案例分析

本例讲解为人像绘制绚丽多彩的眼影效果，主要运用【画笔工具】，在眼睛周围涂抹不同的颜色，运用【图层混合模式】命令，制作出多种颜色的眼影效果，再执行【添加杂色】命令，为眼影添加闪亮效果。

源文件：素材与源文件/第10章/10.5/源文件/绚丽多彩的眼影.psd
素材：素材与源文件/第10章/10.5/素材/迷离眼神.tif
视频教程：Video/10/10-5

STEP1 执行【文件】|【打开】命令，打开素材图片：迷离眼神.tif。

STEP2 按【Ctrl+B】组合键，单击【高光】单选框，设置参数为：-20，0，0。

STEP3 新建“图层 1”，设置前景色为：紫色，选择【画笔工具】，设置【不透明度】为：75%，在图像右侧的眼睛的左侧涂抹颜色。

STEP4 选择【图层】面板，设置“图层1”的【图层混合模式】为：颜色。

STEP5 新建“图层2”，选择【画笔工具】，在右侧眼睛上方涂抹绿色。

STEP6 选择【图层】面板，设置“图层2”的【图层混合模式】为：线性光。

STEP7 新建“图层3”，选择【画笔工具】，在右侧眼角涂抹橙色。

STEP8 选择【图层】面板，设置“图层3”的【图层混合模式】为：线性光。

STEP9 新建“图层4”，选择【画笔工具】，在右侧眼睛四周涂抹深绿色。

STEP10 选择【图层】面板，设置“图层4”的【图层混合模式】为：柔光。

STEP11 新建“图层5”，选择【画笔工具】，在右侧眼睛四周涂抹灰蓝绿色。

STEP12 选择【图层】面板，设置“图层5”的【图层混合模式】为：线性光。

STEP13 新建“图层 6”,选择【画笔工具】，在右侧眼睛上涂抹桃红色。

STEP14 选择【图层】面板，设置“图层 6”的【图层混合模式】为：颜色加深。

STEP15 选择【套索工具】，在右侧眼睛上绘制选区，右击，选择【羽化】命令，设置【羽化半径】为：10。

STEP16 新建“图层 7”,选择【画笔工具】，在选区中涂抹黑色。

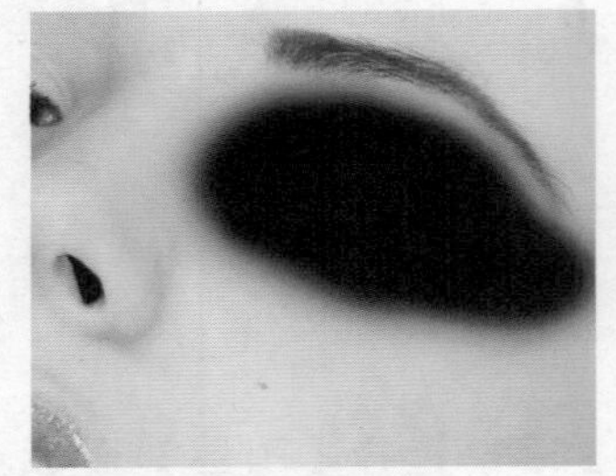

STEP17 执行【滤镜】|【杂色】|【添加杂色】命令,设置【数量】为：20%，平均分布，勾选【单色】复选框。

STEP18 设置“图层 8”的【图层混合模式】为：颜色减淡，【不透明度】为：57%。

STEP19 单击按钮为“图层 7”添加蒙版，选择【画笔工具】，涂抹隐藏部分图像。

STEP20 盖印生成“图层 8”，选择【减淡工具】，涂抹减淡眼影的颜色。

STEP21 用相同的方法，为左侧的眼睛绘制眼影。最终效果制作完毕。

10.6　粉红娇艳的唇彩

处理前

处理后

案例分析

本例讲解为人像打造粉红娇艳的唇彩，主要运用【钢笔工具】，绘制出嘴唇选区，为其填充颜色，并设置【图层混合模式】；再执行【添加杂色】命令，制作唇彩的闪亮效果，最后运用调整图层命令，对唇彩作进一步调整。

源文件：素材与源文件/第10章/10.6/源文件/粉红娇艳的唇彩.psd
素材：素材与源文件/第10章/10.6/素材/诱惑. tif
视频教程：Video/10/10-6

STEP1 执行【文件】|【打开】命令，打开素材图片：诱惑 .tif。

STEP2 选择【钢笔工具】，沿人物的嘴唇边缘绘制路径。

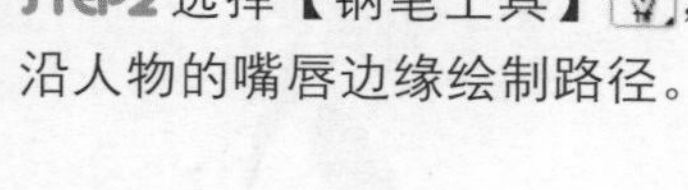

STEP3 单击面板下方的【从选区生成路径】按钮，将路径转换为选区。

STEP4 新建“图层 1”，设置前景色为：深桃红色，填充选区颜色，并取消选区。

STEP5 选择【橡皮擦工具】，设置【画笔】参数为：柔角30，擦除“图层 1”生硬边缘。

STEP6 选择【图层】面板，设置“图层 1”的【图层混合模式】为：颜色。

STEP7 载入“图层 1”选区，新建“图层 2”，填充选区为：黑色，并取消选区。

STEP8 执行【滤镜】|【杂色】|【添加杂色】命令，设置【数量】参数为：100，单击【确定】按钮。

STEP9 选择【橡皮擦工具】，擦除“图层 2”的部分图像。

STEP10 选择【图层】面板，设置“图层 1”的【图层混合模式】为：颜色减淡。

STEP11 载入“图层 1”选区，单击按钮，选择【亮度/对比度】命令，设置参数为：5，24。

STEP12 载入“图层 1”选区，单击按钮，选择【照片滤镜】命令，设置【滤镜】为：深红。最终效果制作完毕。

10.7 打造瘦小脸颊

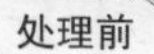
处理前

处理后

案例分析

本例讲解将宽大的脸颊打造为瘦小的脸颊，主要运用【液化】命令下的【向前变形工具】，对脸颊和下巴进行推移变瘦，并运用调整图层命令，调整图像的整体色调。

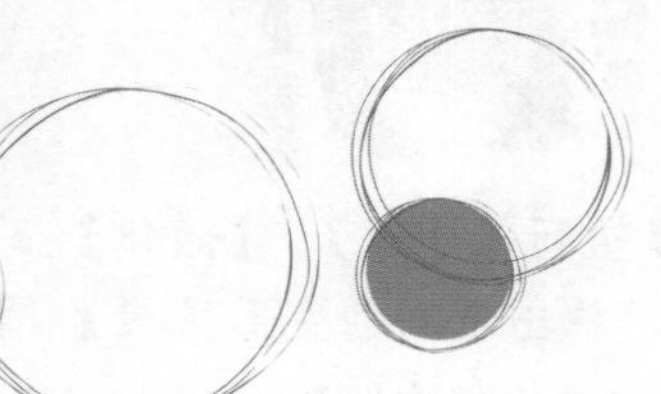

源文件：素材与源文件/第10章/10.7/源文件/打造瘦小脸颊.psd
素材：素材与源文件/第10章/10.7/素材/胖脸颊. tif
视频教程：Video/10/10-7

STEP1 执行【文件】|【打开】命令，打开素材图片：胖脸颊 .tif。

STEP2 按【Ctrl+J】复制生成“图层 1”。执行【滤镜】|【模糊】|【高斯模糊】命令，设置参数为：3。

STEP3 设置“图层 2”的【图层混合模式】为：柔光，【不透明度】为：62%。

STEP4 单击按钮 ，选择【照片滤镜】命令，设置参数为：加温滤镜（81）。

STEP5 盖印可见图层，生成“图层2”，执行【滤镜】|【模糊】|【表面模糊】命令，设置参数为：3，10。

STEP6 执行【滤镜】|【液化】命令，单击【向前变形工具】 ，向内推移左侧脸颊。

STEP7 执行【滤镜】|【液化】命令，单击【向前变形工具】 ，向内推移右侧脸颊。

STEP8 执行【滤镜】|【液化】命令，单击【向前变形工具】 ，向内推移下巴。

STEP9 继续执行【滤镜】|【液化】命令，单击【向前变形工具】 ，对脸部作整体修饰。

STEP10 执行【滤镜】|【锐化】|【USM 锐化】命令，设置参数为：30，5，50。

STEP11 单击按钮 ，选择【照片滤镜】命令，设置【滤镜】为：冷却滤镜（LBB）。

滤镜: 冷却滤镜 (LBB)
颜色:
浓度: 25 %
保留明度

STEP12 执行【照片滤镜】命令后，最终效果制作完毕。

10.8 艺术美甲效果

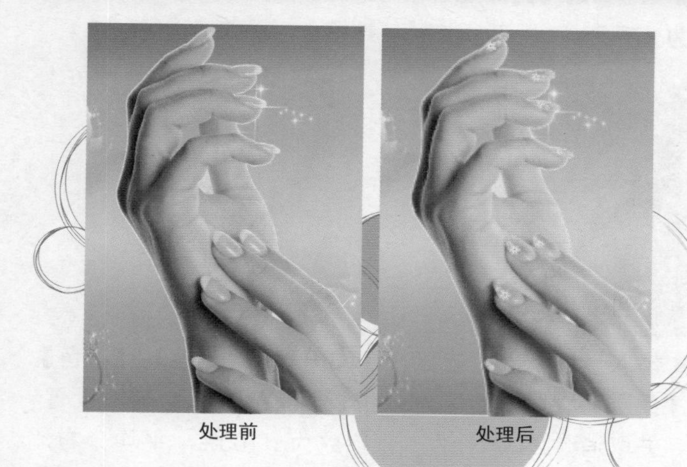

处理前　　处理后

案例分析

本例讲解打造艺术美甲效果，主要运用【钢笔工具】，绘制出指甲选区，并填充颜色和杂色效果，再导入花朵素材，将其贴在指甲上，打造出时尚缤纷的水晶指甲效果。

源文件：素材与源文件/第10章/10.8/源文件/艺术美甲效果.psd
素材：素材与源文件/第10章/10.8/素材/手模. tif、花.tif、花2.tif
视频教程：Video/10/10-8

STEP1 执行【文件】|【打开】命令，打开素材图片：手模 .tif。

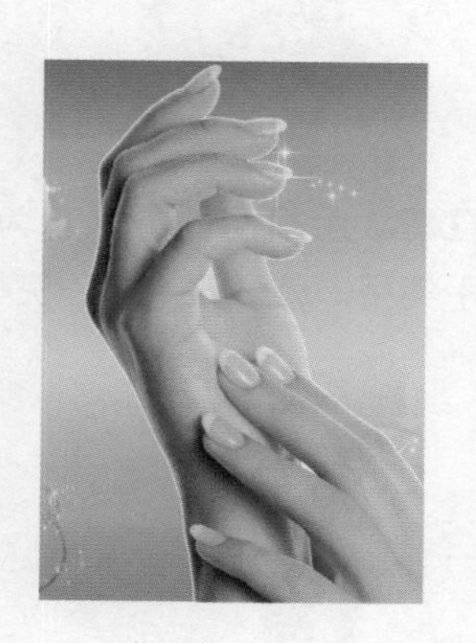

STEP2 按【Ctrl+M】组合键，向上调整曲线弧度，提高图像的亮度。

STEP3 选择【钢笔工具】，沿左手指甲边缘绘制路径，并将其转换为选区。按【Ctrl+J】组合键，复制选区到“图层 1”。

STEP4 新建“图层 2”，设置前景色为：桃红色，选择【画笔工具】，涂抹颜色。

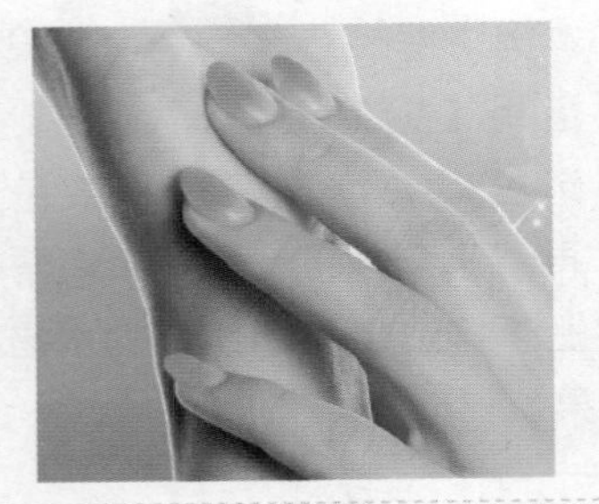

STEP5 选择【图层】面板，设置“图层 2”的【图层混合模式】为：亮光。

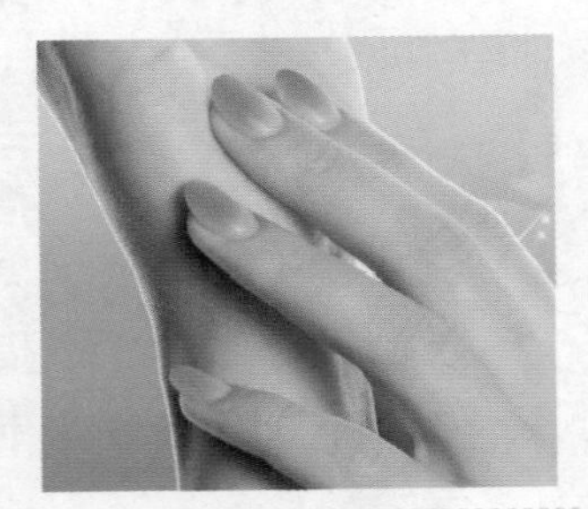

STEP6 载入“图层 1”选区，新建“图层 3”，在选区中涂抹橙色，并取消选区。

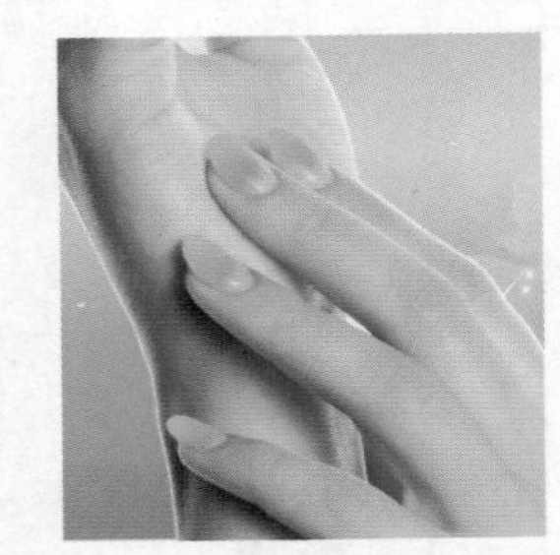

STEP7 设置“图层 3”的【图层混合模式】为：强光，【不透明度】为：80%。

STEP8 载入“图层 1”选区，新建“图层 4”，填充选区为：黑色，并取消选区。

STEP9 执行【滤镜】|【杂色】|【添加杂色】命令，设置参数为：100%，平均分布，勾选【单色】复选框，单击【确定】按钮。

STEP10 设置“图层 4”的【图层混合模式】为：滤色，【不透明度】为：50%。

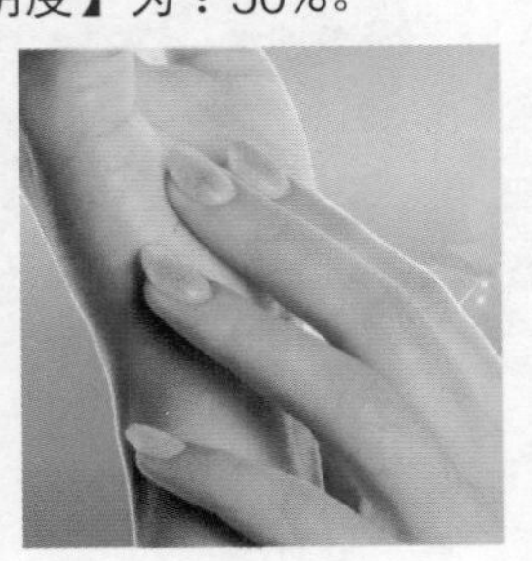

STEP11 按【Ctrl + O】组合键，打开素材图片：花 .tif，将其导入到左手指甲上。

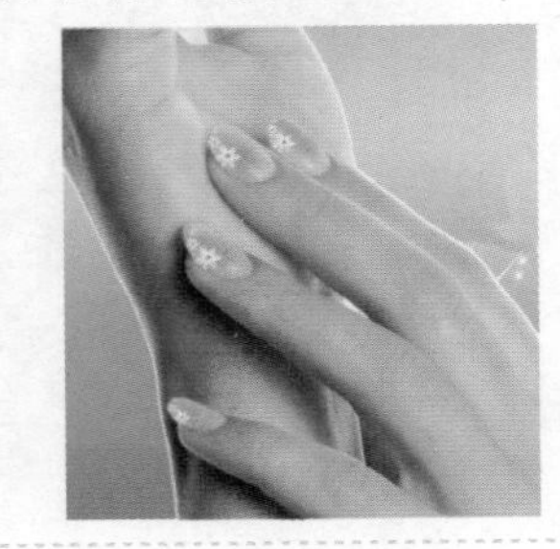

STEP12 用相同的方法，为右手美甲。最终效果制作完毕。

10.9　时尚魅力蓝眸

处理前

处理后

案例分析

本例讲解为人像打造具有时尚魅力的蓝眸效果，首先运用【调整图层】命令，调整图像的整体亮度和对比度等，再运用【钢笔工具】，绘制出眼球选区，并为选区填充颜色、添加杂色效果，最后调整图层混合模式，制作出蓝眸效果。

源文件：素材与源文件/第10章/10.9/源文件/时尚魅力蓝眸.psd
素材：素材与源文件/第10章/10.9/素材/大眼睛.tif
视频教程：Video/10/10-9

STEP1 执行【文件】|【打开】命令，打开素材图片：大眼睛.tif。

STEP2 单击按钮 ，选择【曲线】命令，向上调整曲线弧度，提高图像的亮度。

STEP3 单击按钮 ，选择【亮度/对比度】命令，设置参数为：-10，6。

STEP4 单击按钮，选择【色阶】命令，选择【红】通道，设置参数为：29，1.16，255。

STEP5 选择【钢笔工具】，沿眼球边缘绘制路径，并将其转换为选区。

STEP6 单击面板下方的【从选区生成路径】按钮，将路径转换为选区。

STEP7 新建“图层 1”，设置前景色为：蓝色，填充选区为：蓝色，并取消选区。

STEP8 执行【滤镜】|【杂色】|【添加杂色】命令，设置【数量】为：20%，平均分布，勾选【单色】复选框。

STEP9 单击按钮，为“图层 1”添加蒙版，选择【画笔工具】，涂抹隐藏瞳孔上的颜色。

STEP10 选择【图层】面板，设置“图层 1”的【图层混合模式】为：颜色。

STEP11 选择“图层 1”蒙版，选择【画笔工具】，涂抹“图层 1”边缘隐藏部分图像。

STEP12 涂抹完毕后，图像的最终效果制作完毕。

10.10 帽子换颜色

处理前

处理后

案例分析

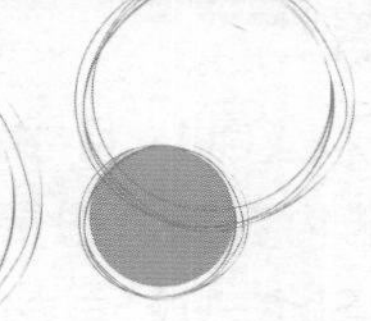

本例讲解为人像的帽子更换颜色，主要运用了【色彩范围】命令，得到蓝色帽子选区，并将蓝色的帽子颜色去掉，再为帽子填充红色，调整【图层混合模式】，将蓝色帽子变为时尚的红色帽子。

源文件：素材与源文件/第10章/10.10/源文件/帽子换颜色.psd
素材：素材与源文件/第10章/10.10/素材/蓝帽女孩.tif
视频教程：Video/10/10-10

STEP1 执行【文件】|【打开】命令，打开素材图片：蓝帽女孩.tif。

STEP2 单击按钮，选择【曲线】命令，向上调整曲线弧度，提高图像的亮度。

STEP3 按【Ctrl+L】组合键，打开【色阶】对话框，设置参数为：14，1.16，243。

STEP4 执行【选择】|【色彩范围】命令，单击【添加到取样】按钮，单击蓝色帽子区域取样。

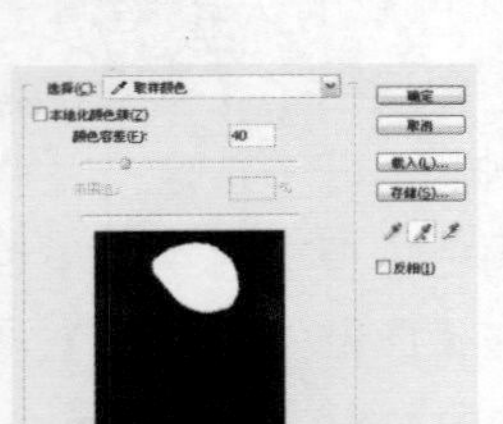

STEP5 执行【色彩范围】命令后，得到蓝色的帽子选区。

STEP6 执行【选择】|【修改】|【扩展】命令，设置参数为:1，并执行【羽化】命令，设置参数为：1。

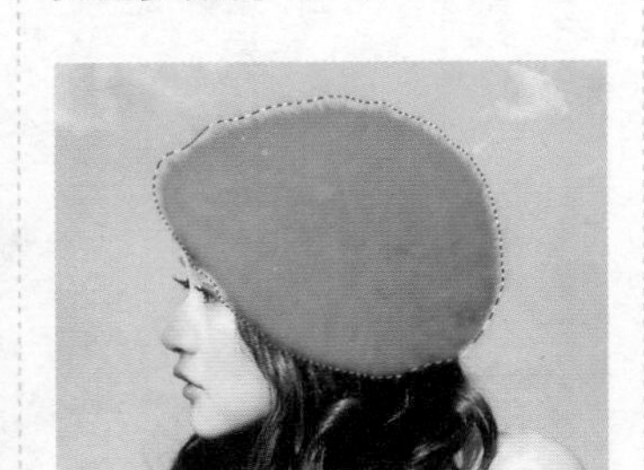

STEP7 按【Ctrl+J】组合键复制选区内容到“图层1”，按【Ctrl+Shift+U】组合键，将图像去色。

STEP8 新建“图层2”，设置前景色为:红色，填充选区为:红色，并取消选区。

STEP9 选择【图层】面板，设置“图层2”的【图层混合模式】为：叠加。

STEP10 在“图层1”下方新建“图层3”，选择【画笔工具】，在帽子处涂抹黑红色。

STEP11 选择【图层】面板，设置“图层3”的【图层混合模式】为：正片叠底。

STEP12 选择【加深工具】，加深“图层3”的颜色。最终效果制作完毕。

10.11 衣服变颜色

处理前 处理后

案例分析

本例讲解为人像的衣服更换颜色，将可爱的粉红色衣服打造成浪漫的紫色衣服。主要运用了【色彩范围】命令，得到衣服选区，运用【色相/饱和度】、【色彩平衡】和【照片滤镜】命令，调整衣服颜色。

源文件：素材与源文件/第10章/10.11/源文件/衣服变颜色.psd
素材：素材与源文件/第10章/10.11/素材/粉红女郎.tif
视频教程：Video/10/10-11

STEP1 执行【文件】|【打开】命令，打开素材图片：粉红女郎.tif。

STEP2 按【Ctrl+M】组合键，向上调整曲线弧度，提高图像的亮度。

STEP3 按【Ctrl+U】组合键，打开【色相/饱和度】命令，设置参数为：0，+19，0。

STEP4 执行【选择】|【色彩范围】命令，单击【添加到取样】按钮，单击红色衣服区域取样。

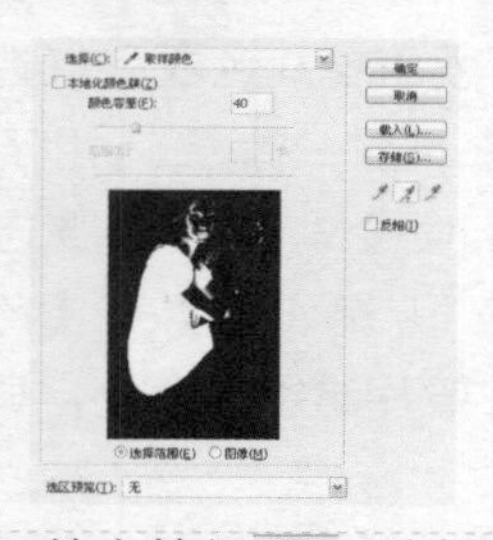

STEP5 执行【色彩范围】命令后，得到选区，按【Ctrl+J】组合键，复制到“图层 1”。

STEP6 单击按钮，为“图层 1”添加蒙版，选择【画笔工具】，涂抹隐藏衣服以外的图像，得到衣服选区。

STEP7 单击按钮，选择【色相/饱和度】命令，设置参数为：-43，+31，0，自动生成“色相/饱和度 1”及其蒙版。

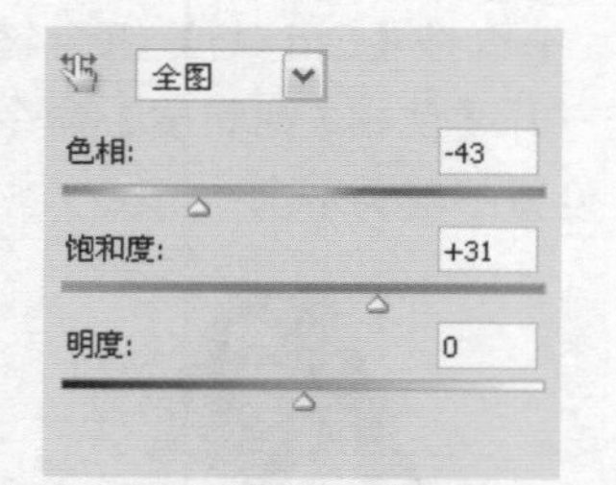

STEP8 执行【色相/饱和度】命令后，人物衣服的颜色变为紫红色。

STEP9 选择“色相/饱和度 1”蒙版，选择【画笔工具】，涂抹隐藏衣服以外的效果。

STEP10 单击按钮，选择【色彩平衡】命令，设置参数为：-30，+33，+34。

STEP11 单击按钮，选择【照片滤镜】命令，设置参数为：冷却滤镜（80），【浓度】为：25%。

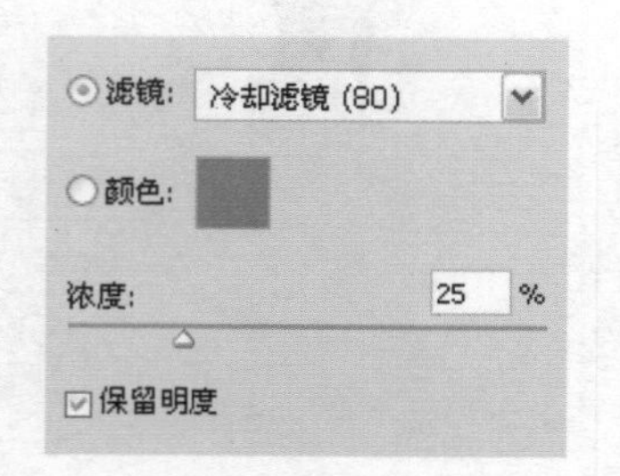

STEP12 执行【冷却滤镜】命令后，最终效果制作完毕。

10.12 挑染头发

处理前

处理后

案例分析

本例讲解为人像金黄色头发挑染颜色，主要运用【套索工具】，绘制出需要挑染颜色的头发选区；再运用【画笔工具】，在选区中涂抹不同的颜色，并调整【图层混合模式】，为头发染出时尚挑染效果。

源文件：素材与源文件/第10章/10.12/源文件/挑染头发.psd
素材：素材与源文件/第10章/10.12/素材/金黄头发.tif
视频教程：Video/10/10-12

STEP1 执行【文件】|【打开】命令，打开素材图片：金黄头发.tif。

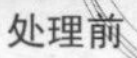

STEP2 按【Ctrl+M】组合键，向上调整曲线弧度，提高图像的亮度。

STEP3 选择【套索工具】，在右侧头发上绘制选区，右击，选择【羽化】命令，设置【羽化半径】为：8。

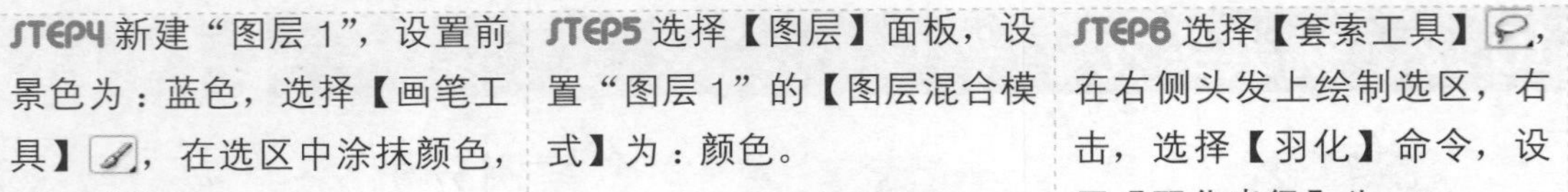

STEP4 新建“图层 1”，设置前景色为：蓝色，选择【画笔工具】，在选区中涂抹颜色，并取消选区。

STEP5 选择【图层】面板，设置“图层 1”的【图层混合模式】为：颜色。

STEP6 选择【套索工具】，在右侧头发上绘制选区，右击，选择【羽化】命令，设置【羽化半径】为：8。

STEP7 新建“图层 2”，选择【画笔工具】，在选区中涂抹桃红色，并取消选区。

STEP8 选择【图层】面板，设置“图层 2”的【图层混合模式】为：颜色。

STEP9 选择【套索工具】，在右侧头发尖上绘制选区，右击，选择【羽化】命令，设置【羽化半径】为：8。

STEP10 新建“图层 3”，选择【画笔工具】，在选区中涂抹紫红色，并取消选区。

STEP11 选择【图层】面板，设置“图层 3”的【图层混合模式】为：颜色。

STEP12 用相同的方法，挑染左侧头发后，最终效果制作完毕。

10.13　黑白照片变彩色

处理前

处理后

案例分析

本例讲解将黑白色的人物照片变为彩色，主要运用【色彩平衡】、【照片滤镜】命令，为人像的皮肤上色，再运用【钢笔工具】、【画笔工具】等，为人物添加唇彩、眼影、腮红和指甲颜色。

源文件：素材与源文件/第10章/10.13/源文件/黑白照片变彩色.psd
素材：素材与源文件/第10章/10.13/素材/黑白照片.tif
视频教程：Video/10/10-13

STEP1 执行【文件】|【打开】命令，打开素材图片：黑白照片.tif。

STEP2 单击按钮 ◐.，选择【色彩平衡】命令，设置参数为：+68，-3，-13。

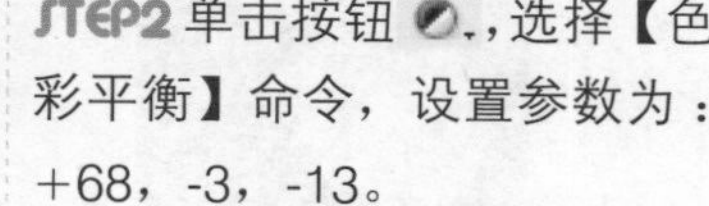

STEP3 单击按钮 ◐.，选择【照片滤镜】命令，设置【颜色】为：橙色。

STEP4 选择【钢笔工具】，沿人物的嘴唇绘制路径，并将其转换为选区。

STEP5 新建“图层 1”，设置前景色为：粉红色，填充选区为：粉红色，并取消选区。

STEP6 选择【图层】面板，设置“图层 1”的【图层混合模式】为：颜色。

STEP7 新建“图层 2”，设置前景色为：浅红色，选择【画笔工具】，涂抹腮红。

STEP8 新建“图层 3”，设置前景色为：黑橙色，选择【画笔工具】，涂抹眼影。

STEP9 选择【图层】面板，设置“图层 3”的【图层混合模式】为：叠加。

STEP10 选择【钢笔工具】，沿人物的指甲绘制路径，并将其转换为选区。

STEP11 新建“图层 4”，选择【画笔工具】，在选区中涂抹浅紫色，并取消选区。

STEP12 设置“图层 4”的【图层混合模式】为：颜色加深后，最终效果制作完毕。

第11章 风景照片的表现

外出旅游踏青，日渐为都市人青睐。但是由于受天气或技术等因素影响，旅游时拍摄出来的风景图片不能尽如人意。本章将通过“光照大地”、“梦幻风景”、“蓝天白云”、“春意盎然”等多个实例，为读者详细讲解修整和美化风景照片的应用方法与技巧。

11.1 光照大地

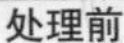

处理前

处理后

案例分析

本实例讲解“光照大地”的制作方法。在制作过程中，主要运用了【色彩平衡】及其【照片滤镜】命令，调整图像整体色调，并添加光晕效果及光照效果，凸现整体光照大地的质感。

源文件：素材与源文件/第11章/11.1/源文件/光照大地.psd

素材：素材与源文件/第11章/11.1/素材/湖岸风景. tif

视频教程：Video/11/11-1

STEP1 执行【文件】|【打开】命令，打开素材：湖岸风景.tif。

STEP2 单击按钮 ，打开快捷菜单，选择【色彩平衡】命令，打开【色彩平衡】对话框，设置参数为：52，43。-30，增强图像暖色调。

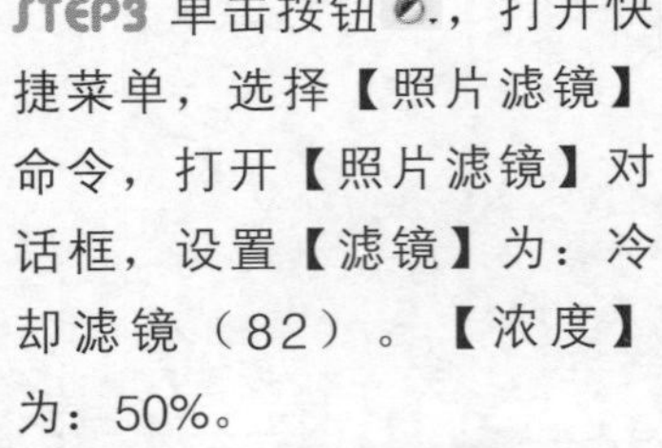

STEP3 单击按钮 ，打开快捷菜单，选择【照片滤镜】命令，打开【照片滤镜】对话框，设置【滤镜】为：冷却滤镜（82）。【浓度】为：50%。

STEP4 设置前景色为：黑色，选择【画笔工具】，在天空及湖面边缘涂抹，隐藏部分【照片滤镜】效果。

STEP5 单击按钮，选择【渐变映射】命令，单击【渐变映射】面板下拉按钮，然后单击面板右侧按钮，选择【协调色1】命令，单击【追加】按钮。

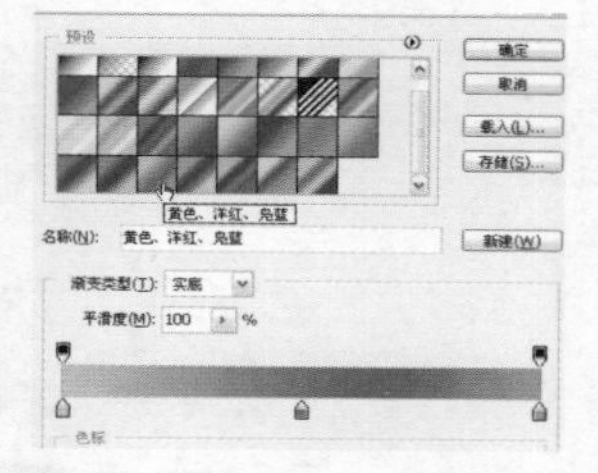

STEP6 设置该图层的【图层混合模式】为：叠加，【不透明度】为：34%。

STEP7 选择【画笔工具】，在湖面内部涂抹，隐藏部分【渐变映射】效果。

STEP8 单击按钮，选择【色彩平衡】命令，设置参数为：-41，-8，100，【不透明度】为：35%。

STEP9 按【Ctrl+Shift+Alt+E】组合键，盖印可视图层，生成“图层 1”，执行【滤镜】|【渲染】|【镜头光晕】命令，在太阳处单击，形成光晕效果。

STEP10 执行【镜头光晕】命令后，图像生成镜头光晕点。

STEP11 按【Ctrl+J】组合键，复制图层，执行【滤镜】|【渲染】|【光照效果】命令，设置【光照类型】参数为：28，69，黄色。

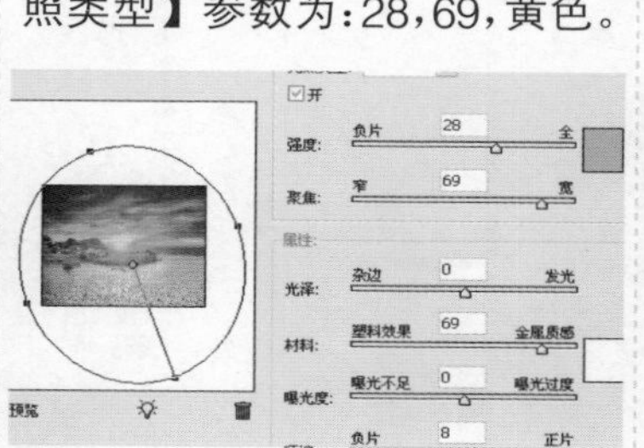
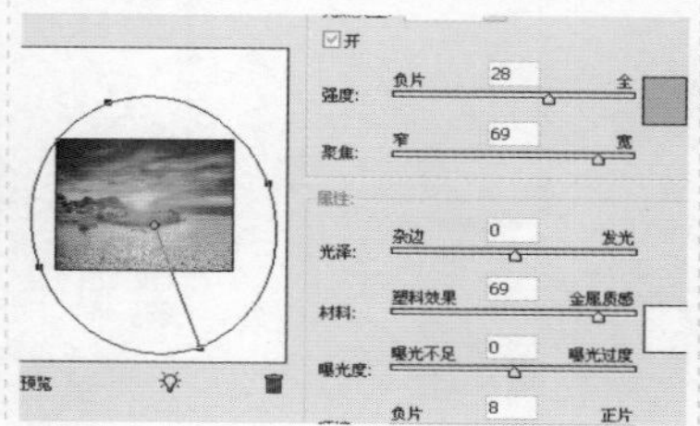

STEP12 选择【画笔工具】，在湖面内部涂抹，隐藏部分【光照效果】效果，完成最终效果。

11.2 梦幻风景

处理前

处理后

案例分析

本实例讲解“梦幻风景”的制作方法。在制作过程中，主要运用了【曲线】及【色阶】命令，增强图像整体对比度，并利用【照片滤镜】命令更改其局部色调，完成最终效果。

源文件：素材与源文件/第11章/11.2/源文件/梦幻风景.psd

素材：素材与源文件/第11章/11.2/素材/冬日雪景. tif

视频教程：Video/11/11-2

STEP1 执行【文件】|【打开】命令，打开素材：冬日雪景 .tif。

STEP2 单击按钮，选择【曲线】命令，调整曲线弧度。

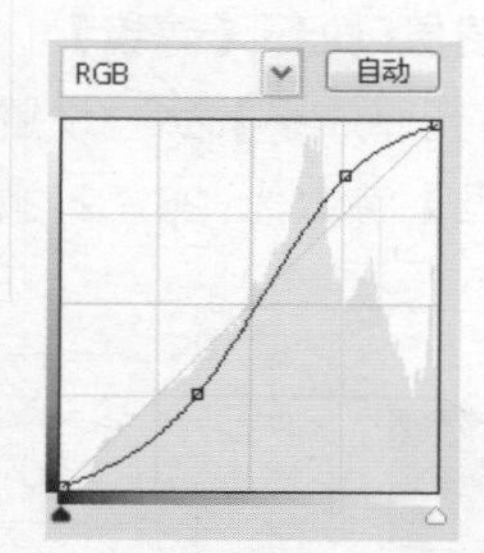

STEP3 执行【曲线】命令后，图像整体对比度提高。

STEP4 单击按钮 ，选择【照片滤镜】命令，设置【滤镜】为：加温滤镜（85），【浓度】为：50%。

STEP5 设置前景色为：黑色，选择【画笔工具】，在山峦内部涂抹，隐藏部分【照片滤镜】效果。

STEP6 按【Ctrl+Shift+Alt+E】组合键，盖印可视图层，生成“图层 1”，执行【滤镜】|【模糊】|【高斯模糊】命令，设置【半径】为：2。

STEP7 设置“图层 1”的【图层混合模式】为：叠加，【不透明度】为：70%。

STEP8 单击按钮 ，选择【色彩平衡】命令，设置参数为：-43，23，34，增强冷色调。

STEP9 选择【画笔工具】，在房屋内部涂抹，隐藏部分【照片滤镜】效果。

STEP10 单击按钮 ，选择【照片滤镜】命令，设置【滤镜】为：冷却滤镜（80），【浓度】为：25%。

STEP11 选择【画笔工具】，在房屋内部涂抹，隐藏部分【照片滤镜】效果。

STEP12 单击按钮 ，选择【自然饱和度】命令，设置参数为：39，13。

STEP13 再次盖印可视图层，生成“图层2”。执行【滤镜】|【艺术效果】|【海报边缘】命令，设置参数为：0，3，2。

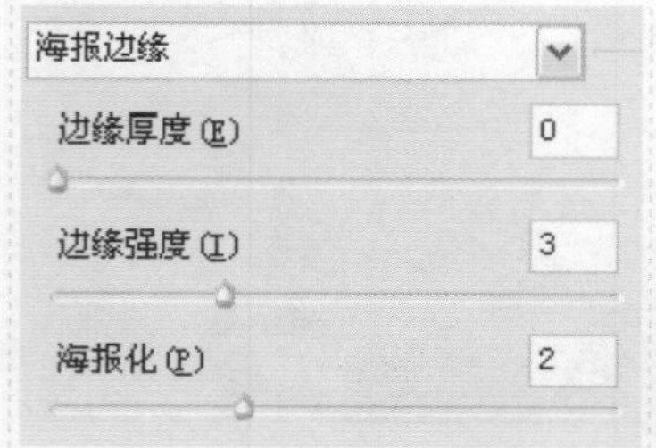

STEP14 执行【海报边缘】命令后图像增强。

STEP15 单击按钮，添加图层蒙版，选择【画笔工具】，在房屋内部涂抹，隐藏部分【海报边缘】效果。

STEP16 单击【图层】面板下方的按钮，选择【色阶】命令，设置参数为：6，0.81，243，增强对比度。

STEP17 再次盖印可视图层，生成“图层3”，选择【加深工具】，在山峦内部涂抹，使其颜色加深。

STEP18 执行【滤镜】|【渲染】|【镜头光晕】命令，设置【亮度】参数为：100%，【镜头类型】为：50-300毫米变焦，在窗口左上角处单击，并形成光晕效果，完成最终效果。

剖析知识点：

照片滤镜

通过添加照片滤镜效果，可方便的更改照片整体色调。利用【创建新的填充或调整】命令，可更完善地调整局部冷暖色调效果，使图像整体对比更加鲜明，达到所需效果。

11.3　蓝天白云

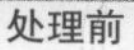
处理前

处理后

案例分析

本实例讲解蓝天白云的制作方法。在制作过程中，通过载入素材通道选区，获取所需云朵图层，并调整其云朵色调，增强质感，完成最终效果。

源文件：素材与源文件/第11章/11.3源文件//蓝天白云.psd

素材：素材与源文件/第11章/11.3/素材/小路. tif、唯美草原.tif

视频教程：Video/11/11-3

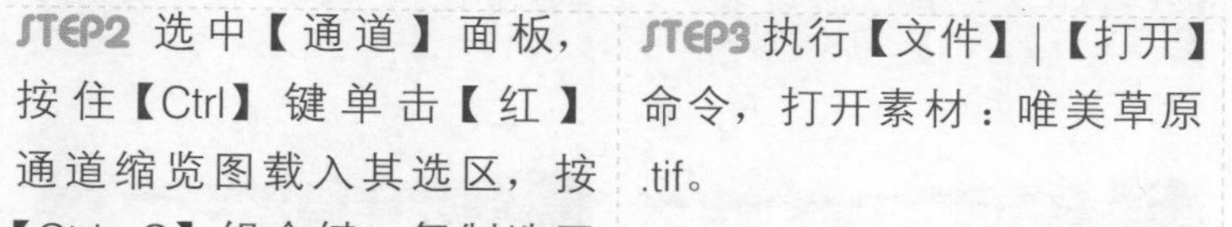

STEP1 按【Ctrl+O】组合键，打开素材：小路 .tif。

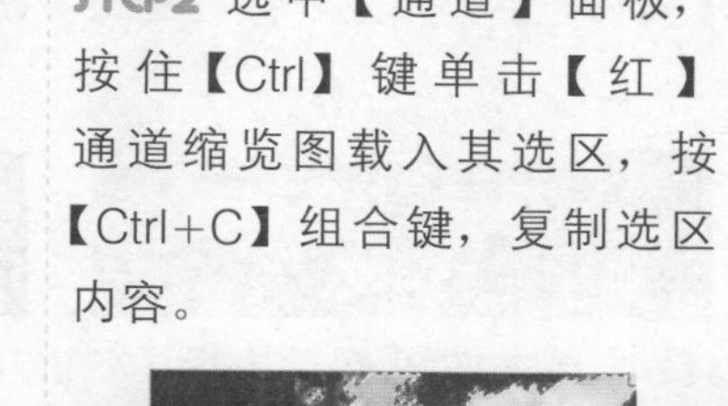

STEP2 选中【通道】面板，按住【Ctrl】键单击【红】通道缩览图载入其选区，按【Ctrl+C】组合键，复制选区内容。

STEP3 执行【文件】|【打开】命令，打开素材：唯美草原 .tif。

STEP4 按【Ctrl+V】组合键，粘贴之前复制的选区内容。

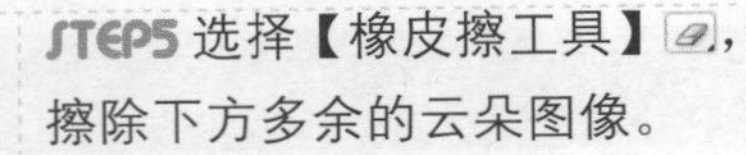

STEP5 选择【橡皮擦工具】，擦除下方多余的云朵图像。

STEP6 选择【矩形选框工具】，在天空内部绘制距形选区。

STEP7 选中“背景”图层，按【Ctrl+J】组合键，复制选区内容，并将该图层放置【图层】面板最顶层，设置该图层的【图层混合模式】为：柔光。

STEP8 载入“图层 1”的选区，设置前景色为：棕色，选择【画笔工具】，在选区内部随意涂抹，并取消选区。

STEP9 设置该图层的【图层混合模式】为：颜色，【不透明度】为：50%。

STEP10 单击按钮，选择【色阶】命令，打开【色阶】对话框，设置参数为：12，0.95，255，增强对比度。

STEP11 单击按钮，选择【色阶】命令，打开【色彩平衡】对话框，设置参数为：-33，-34，54，增强暗调。

STEP12 设置前景色为：黑色，选择【画笔工具】，在云朵内部涂抹，隐藏部分【色彩平衡】效果，完成最终效果。

11.4　春意盎然

处理前

处理后

案例分析

本实例主要讲解“春意盎然”的制作方法。在制作过程中，主要运用了【曲线】命令及【通道混合器】命令，调整整体色调，使树叶颜色由红色调变为嫩绿色调，完成最终效果。

源文件：素材与源文件/第11章/11.4/源文件/春意盎然.psd

素材：素材与源文件/第11章/11.4/素材/深秋道路. tif

视频教程：Video/11/11-4

STEP1 按【Ctrl+O】组合键，打开素材：深秋道路.tif。

STEP2 单击按钮，选择【曲线】命令，设置【通道】为：红，调整曲线弧度。

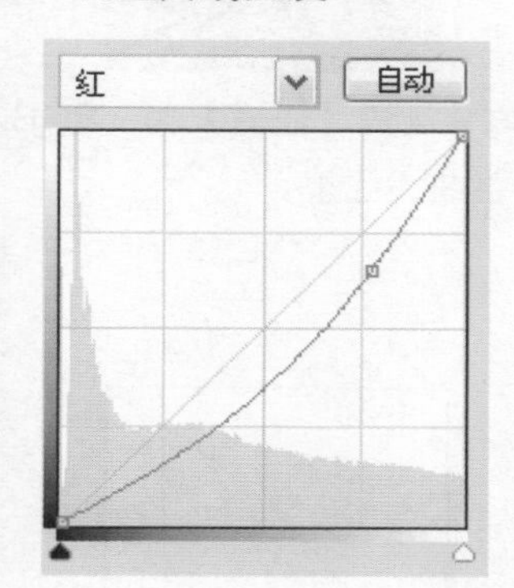

STEP3 设置【通道】为：绿，调整曲线弧度。

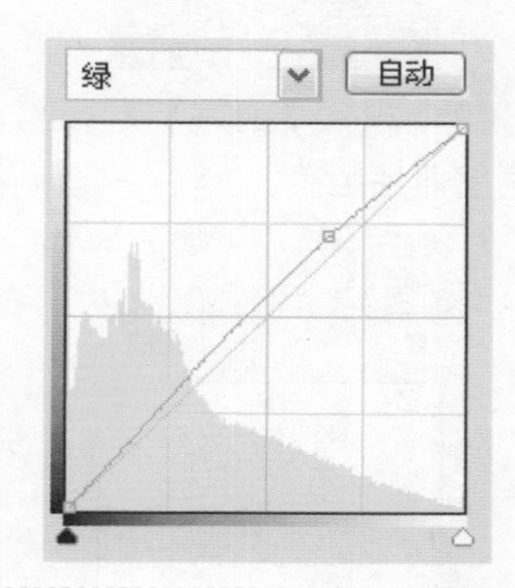

STEP4 设置【通道】为：RGB，调整曲线弧度。

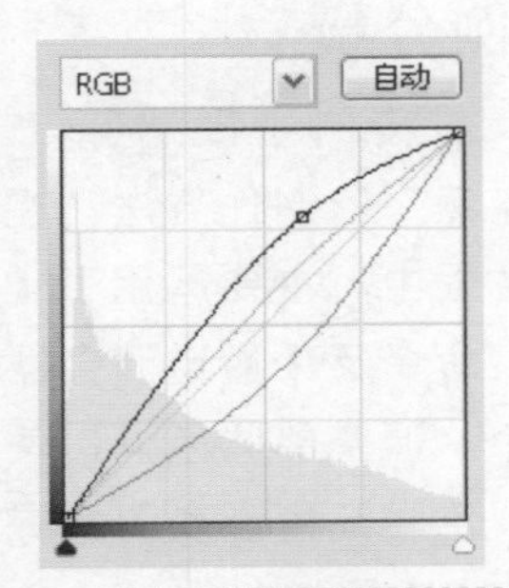

STEP5 执行【曲线】命令后，图像内部红色调降低。

STEP6 设置前景色为：黑色，在道路及栏杆内部涂抹，隐藏部分【曲线】效果。

STEP7 执行【通道混合器】命令后，设置【输出通道】为：红，参数为：20，40，0，图像内部红色调变为绿色调。

STEP8 选择【画笔工具】，继续在道路及栏杆内部涂抹，隐藏部分【通道混合器】效果。

STEP9 单击按钮，选择【曲线】命令，设置【通道】为：绿，调整曲线弧度。

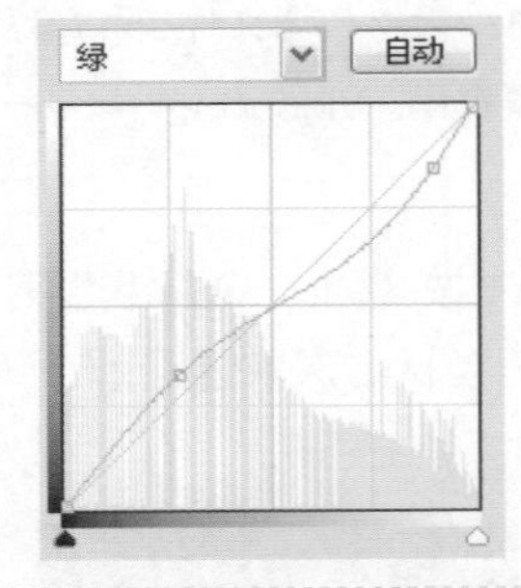

STEP10 设置【通道】为：蓝，调整曲线弧度。

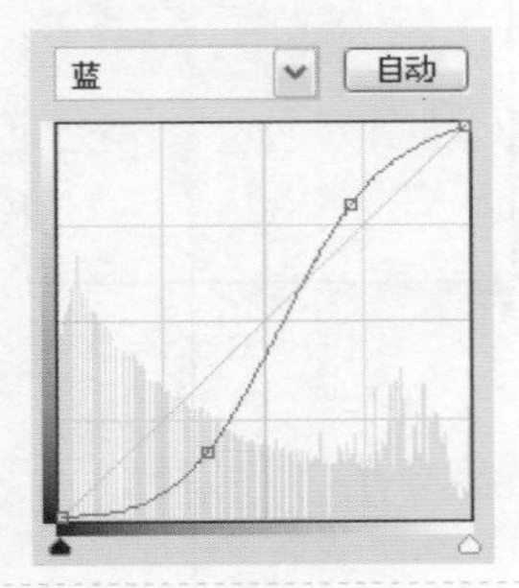

STEP11 设置【通道】为：RGB，调整曲线弧度。

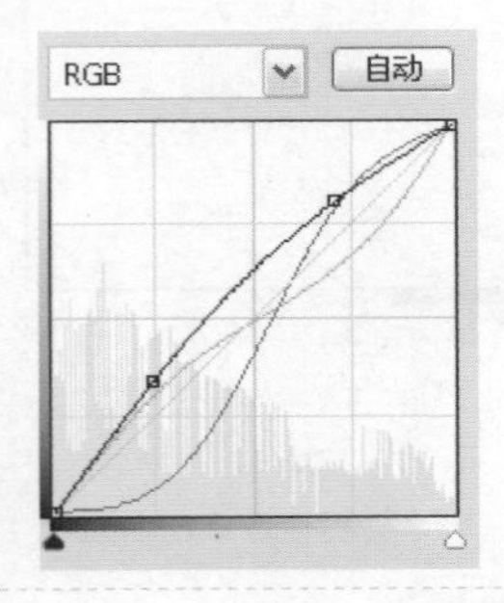

STEP12 设置【曲线】后，在道路内涂抹，隐藏部分【曲线】效果，完成最终效果。

11.5 清澈的溪水

处理前

处理后

案例分析

本实例讲解“清澈的溪水”的制作方法。运用【曲线】命令，调整整体亮度，并利用【色彩平衡】及【色相/饱和度】命令调整色调，完成最终效果。

源文件：素材与源文件/第11章/11.5/源文件/清澈的溪水.psd

素材：素材与源文件/第11章/11.5/素材/溪水. tif

视频教程：Video/11/11-5

STEP1 按【Ctrl+O】组合键，打开素材：溪水 .tif。

STEP2 单击按钮 ，选择【曲线】命令，设置【通道】为：红，调整曲线弧度。

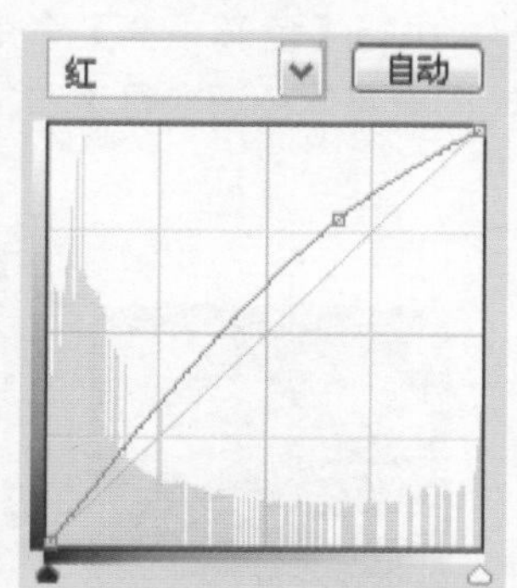

STEP3 设置【通道】为：RGB，继续调整曲线弧度。

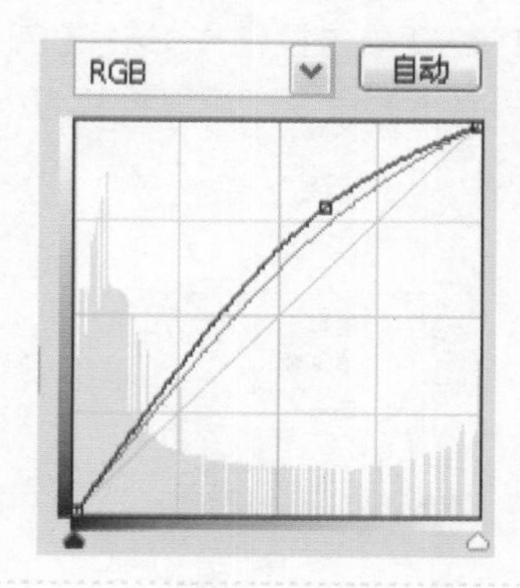

STEP4 执行【曲线】命令后，图像亮度提高。

STEP5 单击按钮，选择【色阶】命令，设置参数为：0，1.51，207。

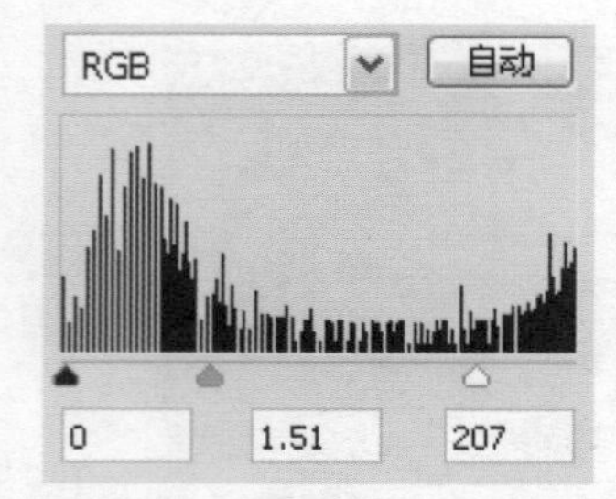

STEP6 执行【色阶】命令后，图像对比度增强。

STEP7 设置前景色为：黑色，选择【画笔工具】，在岩石内涂抹，隐藏【色阶】效果。

STEP8 单击按钮，选择【色相/饱和度】命令，设置参数为：0，+40，+5。

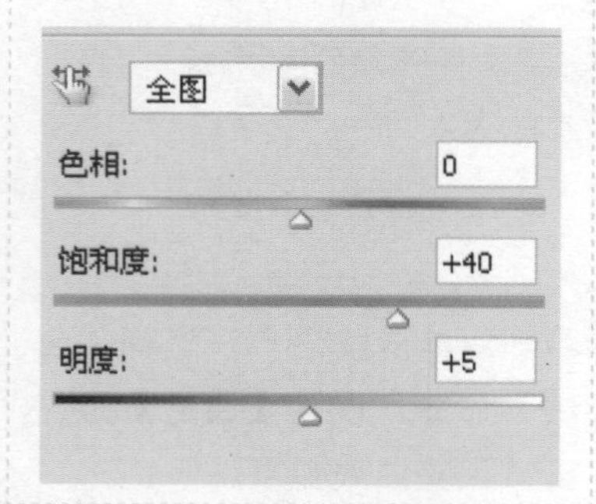

STEP9 执行【色相/饱和度】命令后，增强图像整体饱和度。

STEP10 单击按钮，选择【色彩平衡】命令，设置参数为：-24，+1，-3。

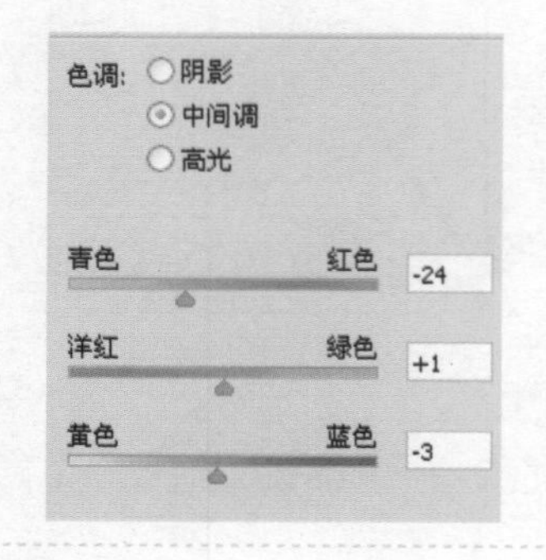

STEP11 执行【色彩平衡】命令后，图像整体色调变得柔和。

STEP12 按【Ctrl+Shift+Alt+E】组合键，盖印图层，生成“图层 1”，设置【混合模式】为：滤色，【不透明度】为：20%。

11.6 白天变黑夜

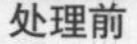

处理前

处理后

案例分析

本实例讲解“白天变黑夜”的制作方法。在制作过程中，主要用了【色相/饱和度】及【曲线】命令，将亮度及色调变暗，并利用【镜头光晕】命令添加灯光效果，完成最终效果。

源文件：素材与源文件/第11章/11.6/源文件/白天变黑夜.psd

素材：素材与源文件/第11章/11.6/素材/湖泊小桥. tif

视频教程：Video/11/11-6

STEP1 按【Ctrl+O】组合键，打开素材：湖泊小桥.tif。

STEP2 单击按钮，选择【色相 / 饱和度】命令，勾选【着色】复选框，设置参数为：234，35，-52，图像变为深蓝色。

STEP3 单击按钮，选择【色阶】命令，设置参数为：8，0.94，240，增强图像对比度。

STEP4 选中“背景”图层，按【Ctrl+J】组合键，复制生成“图层 1”，将其放置在【图层】面板最顶层，选择【魔棒工具】，载入天空选区。

STEP5 新建“图层 2”，设置前景色为：深蓝色，背景色为：蓝色，选择【渐变工具】，设置为：前景色到背景色渐变，填充渐变色，并取消选区。

STEP6 选中“图层1”，设置该图层的【图层混合模式】为：正片叠底。

STEP7 选中“图层2”，单击按钮，选择【曲线】命令，调整曲线弧度。

STEP8 执行【曲线】命令后，图像色调变暗。

STEP9 新建“图层 3”，设置前景色为：黑色，填充前景色，执行【滤镜】|【渲染】|【镜头光晕】命令，设置【镜头类型】参数为：105 毫米聚焦，调整光晕点。

STEP10 设置该图层的【图层混合模式】为：滤色，复制若干图层，分别调整其灯光效果。

STEP11 新建“图层 4”选择【椭圆选框工具】，绘制选区，按【Shift+F6】组合键，设置参数为：10，填充红色，并设置【混合模式】为：颜色减淡，【不透明度】为：75%。

STEP12 可使用同样的方法制作出其余的灯光效果，完成最终效果。

11.7 青青草地

处理前

处理后

案例分析

本实例讲解“青青草地”的制作方法。在制作过程中，主要运用了【曲线】、【通道混合器】调整命令与【蒙版缩览图】相配合，调整图像局部色调，完成最终效果。

源文件：素材与源文件/第11章/11.7/源文件/青青草地.psd

素材：素材与源文件/第11章/11.7/素材/泛黄草地.tif

视频教程：Video/11/11-7

STEP1 按【Ctrl+O】组合键，打开素材：泛黄草地.tif。设置前景色为：黑色。

STEP2 单击按钮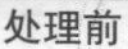，设置【通道】为：红，选择【曲线】命令，向上微调曲线弧度。

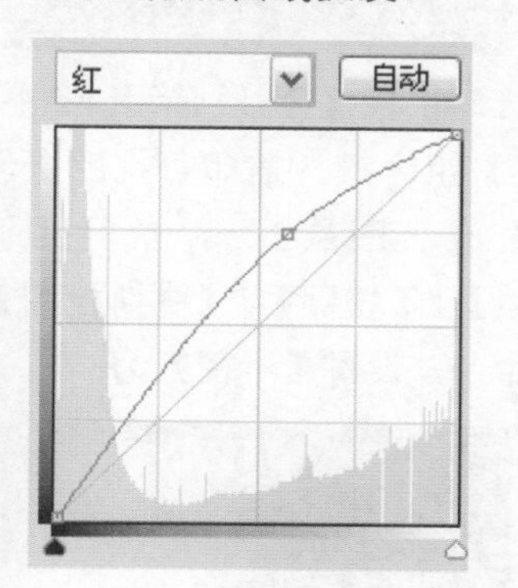

STEP3 设置【通道】为：蓝，选择【曲线】命令向下微调曲线弧度。

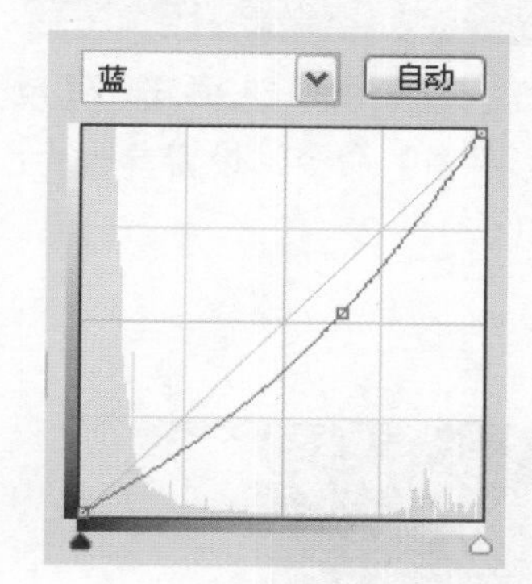

STEP4 设置【通道】为：RGB，选择【曲线】命令，向上微调曲线弧度，提高图像亮度。

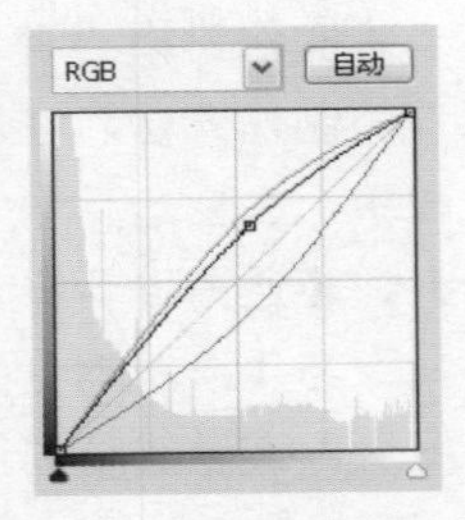

STEP5 执行【曲线】命令后，图像整体亮度提高。

STEP6 设置前景色为：黑色，选择【画笔工具】，涂抹天空，隐藏部分【曲线】效果。

STEP7 单击按钮，选择【通道混合器】命令，设置【输出通道】为：红，10%。

STEP8 选择【画笔工具】，在草坪以外的地方涂抹，隐藏部分【通道混合器】效果。

STEP9 新建“图层 1”，设置前景色为：黑色，选择【画笔工具】，在树干内部涂抹。

STEP10 单击按钮，选择【色彩平衡】命令，设置参数为：红，9，-22，9。

STEP11 按【Ctrl+Shift+Alt+E】组合键，盖印可视图层，生成“图层2”，执行【滤镜】|【模糊】|【高斯模糊】命令，设置【半径】为：1。

STEP12 设置“图层2”的【图层混合模式】为：滤色，【不透明度】为：30%，完成最终效果。

11.8 鲜花满地

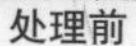

处理前

处理后

案例分析

本实例讲解“鲜花满地”的制作方法。在制作过程中，通过利用【多边形套索工具】对鲜花素材进行抠选，并对其进行修饰处理，增强色调，完成最终效果。

源文件：素材与源文件/第11章/11.8/源文件/鲜花满地.psd

素材：素材与源文件/第11章/11.8/素材/鲜花道路.tif、草原小路.tif

视频教程：Video/11/11-8

STEP1 执行【文件】|【打开】命令，打开素材：鲜花道路.tif。

STEP2 选择【钢笔工具】，沿红色鲜花区域绘制路径，按【Ctrl+Enter】组合键，转换为选区，按【Ctrl+C】组合键，复制选区内容。

STEP3 执行【文件】|【打开】命令，打开素材：草原小路.tif。

STEP4 按【Ctrl+V】组合键，粘贴选区内容，按【Ctrl+T】组合键，打开【自由变换】调节框，调整其大小与角度。

STEP5 选择【橡皮擦工具】，擦除边缘生硬多余的鲜花效果。

STEP6 单击【移动工具】，按住【Alt】组合键不放，拖移并复制出副本图层，调整其位置，并擦除多余鲜花效果。

STEP7 选中“图层1”，选择【多边形套索工具】，在鲜花内部绘制选区，按【Ctrl+J】组合键，复制生成“图层2”，将其放置在【图层】面板最上方。

STEP8 复制若干图层，按【Ctrl+T】组合键，打开【自由变换】调节框，分别将其放置在图像右上方，擦除多余鲜花图像。

STEP9 可使用同样的方法制作图像左侧的鲜花效果。

STEP10 单击按钮，选择【自然饱和度】命令，设置参数为：红，32，23。

STEP11 设置前景色为：黑色，在道路内部涂抹，隐藏部分【自然饱和度】效果。

STEP12 单击按钮，选择【色阶】命令，设置参数为：19，1.09，246后，最终效果制作完毕。

11.9 春天变冬天

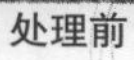

处理前

处理后

案例分析

本实例讲解“春天变冬天”的制作方法。在制作过程中，载入图像高光区域，对其填充颜色，添加图层样式效果增强质感，并调整整体色调，完成最终效果。

源文件：素材与源文件/第11章/11.9/源文件/春天变冬天.psd

素材：素材与源文件/第11章/11.9/素材/小木屋. tif

视频教程：Video/11/11-9

STEP1 执行【文件】|【打开】命令，打开素材：小木屋 .tif。

STEP2 单击按钮 ，执行【曲线】命令，调整曲线弧度。

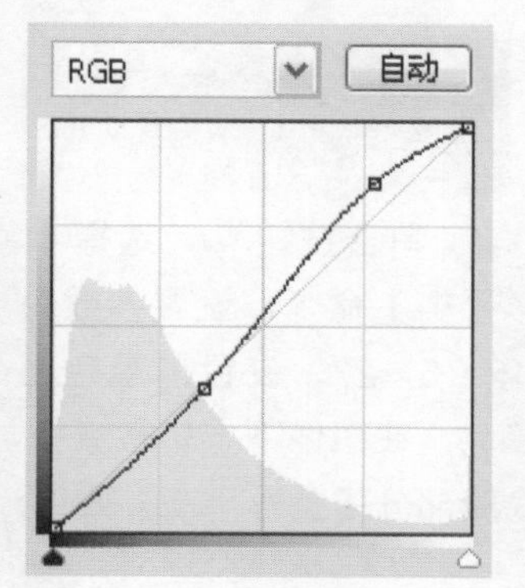

STEP3 执行【曲线】命令后，整体亮度提高。

STEP4 按【Ctrl+Shift+Alt+E】组合键，盖印可视图层，生成“图层 1”，选中【通道】面板，按住【Ctrl】键，单击【绿】通道缩览图，载入其选区。

STEP5 新建“图层 2”，返回【图层】面板，设置前景色为：白色，填充前景色。

STEP6 单击【添加图层样式】按钮 fx.，选择【斜面和浮雕】命令，设置【角度】为：151，【高度】为：37，增强积雪质感。

STEP7 选中“图层1”，单击按钮 ，选择【色阶】命令，设置参数为：73，0.59，255。

STEP8 选中“图层 2”，按【Ctrl+J】组合键复制多个副本图层并调整其位置，选择【橡皮擦工具】，擦除多余的积雪。

STEP9 新建“图层 3”，设置前景色为：蓝色，在积雪内部轻微涂抹。

STEP10 设置该图层的【图层混合模式】为：颜色，【不透明度】为：12%，增强整体色调。

STEP11 单击按钮 ，选择【色彩平衡】命令，设置参数为：-12，0，27。设置前景色为：黑色，在图像下方轻微涂抹，隐藏部分【色彩平衡】效果。

STEP12 单击按钮 ，选择【色阶】命令，设置参数为：34，1，243，完成最终效果。

11.10　东边日出西边雨

案例分析

本实例讲解“东边日出西边雨”的制作方法。利用【曲线】命令降低图像整体亮度，并绘制填充光照线条，填充环境色，完成最终效果。

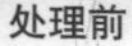

处理前

处理后

源文件：素材与源文件/第11章/11.10/源文件/东边日出西边雨.psd

素材：素材与源文件/第11章/11.10/素材/阴霾天空.tif

视频教程：Video/11/11-10

STEP1 执行【文件】|【打开】命令，打开素材：阴霾天空.tif。

STEP2 单击按钮，打开快捷菜单，选择【曲线】命令，调整曲线弧度。

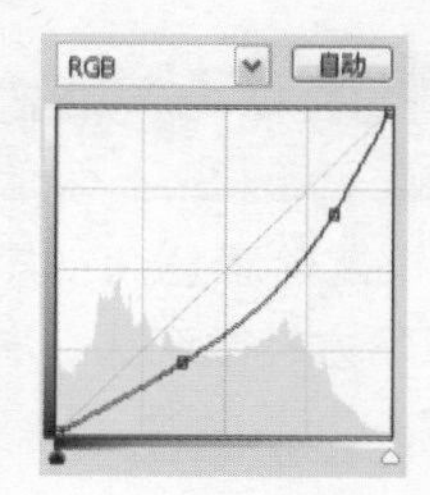

STEP3 执行【曲线】命令后，图像整体色调变暗。

STEP4 设置前景色为：黑色，在较亮的天空下方涂抹，隐藏部分【曲线】效果。

STEP5 选择【套索工具】，在较亮的天空下方绘制选区，按【Shift+F7】组合键，设置【羽化】参数为：40。

STEP6 新建“图层1”，设置前景色为：白色，填充前景色，并取消选区。

STEP7 按【Ctrl+J】组合键复制多个副本图层，按【Ctrl+T】组合键，打开【自由变换】调整框，调整位置与大小。调整【不透明度】，并擦除多余的线条。

STEP8 新建“图层 2”按【Ctrl+Shift】组合键，分别单击“图层 1”及“副本图层”缩览图，载入其选区，设置前景色为：棕色，在选区涂抹，并取消选区。

STEP9 设置该图层的【图层混合模式】为：颜色，【不透明度】为：40%，增强光线质感。

STEP10 新建“图层 3”，设置前景色为：粉色，在天空内部涂抹，设置该图层的【图层混合模式】为：柔光，【不透明度】为：30%。

STEP11 设置前景色为：黑色，在草原下方轻微涂抹，增强图像暗调。

STEP12 单击按钮，选择【色阶】命令，设置参数为：9，0.76，230，在光线内部涂抹，完成最终效果。

第12章

数码图像合成效果

本章主要以“数码图像合成效果”为主题，为读者精心选取了“花卉美女合成”、“梦幻精灵合成”、“婚纱合成”、“电影海报合成”、“创意 MP3 壁纸合成”、“地产广告合成”等多个操作实例，详细讲解了数码图像合成的应用方法。希望读者能够通过以下实例，学习并掌握合成图像的实用技巧。

12.1 花卉美女合成

处理前　　处理后

案例分析

本实例讲解制作“花卉美女合成”的方法。在制作过程中，主要运用了【移动工具】、【橡皮擦工具】、【旋转扭曲】等命令制作主题背景，再运用【画笔工具】、【混合模式】、【色彩平衡】等为图像添加丰富的色彩效果，最后再运用【钢笔工具】与【画笔】制作发丝特效。

源文件：素材与源文件 / 第 12 章 /12.1/ 源文件 / 花卉美女合成 .psd

素材：素材与源文件 / 第 12 章 /12.1/ 素材 / 海浪 .tif、长发美女 .tif、花朵 .tif、蝴蝶 .tif、材质 .tif

视频教程：Video/12/12-1

STEP1 新建文件：花卉美女合成，并设置参数为：14 厘米，18 厘米，200 像素 / 英寸，RGB 颜色，白色。

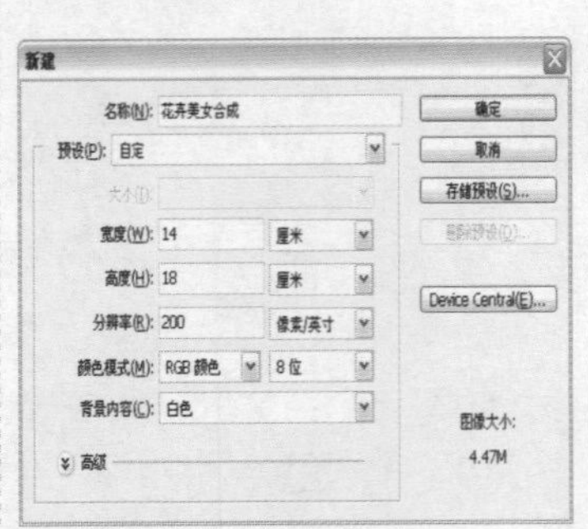

STEP2 按【Ctrl+O】组合键，打开素材：海浪 .tif。选择【移动工具】，导入素材到窗口中。

STEP3 执行【图像】|【调整】|【色相 / 饱和度】命令，勾选【着色】复选框，设置参数为：134，25，0。

STEP4 选择【橡皮擦工具】，擦除左下侧与右上侧的多余图像并复制图层。

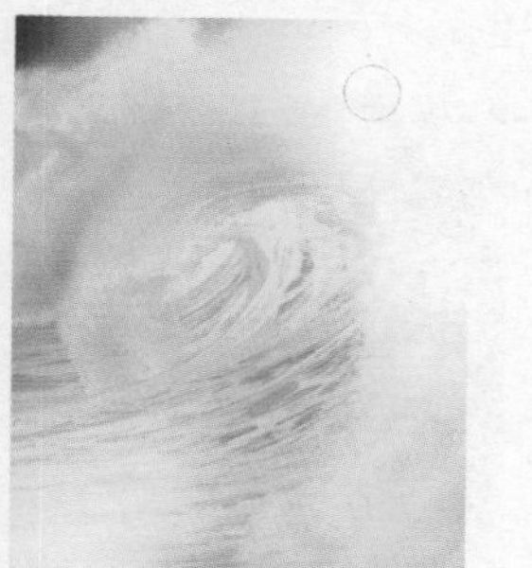

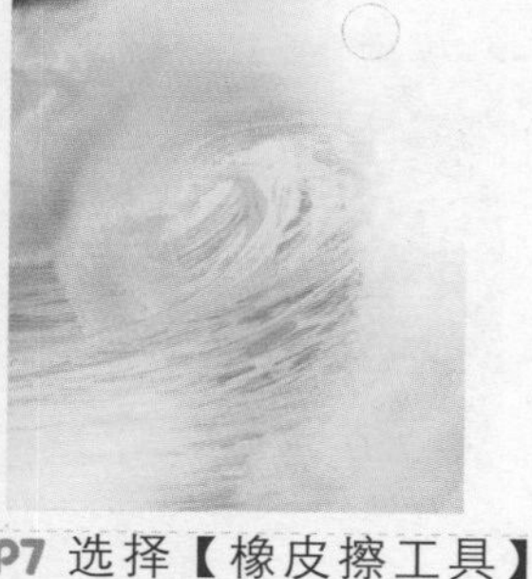

STEP5 执行【滤镜】|【扭曲】|【旋转扭曲】命令，设置参数为：644。

STEP6 设置“图层 1 副本”的【不透明度】为：30%。

STEP7 选择【橡皮擦工具】，擦除窗口下侧的多余旋转扭曲图像。

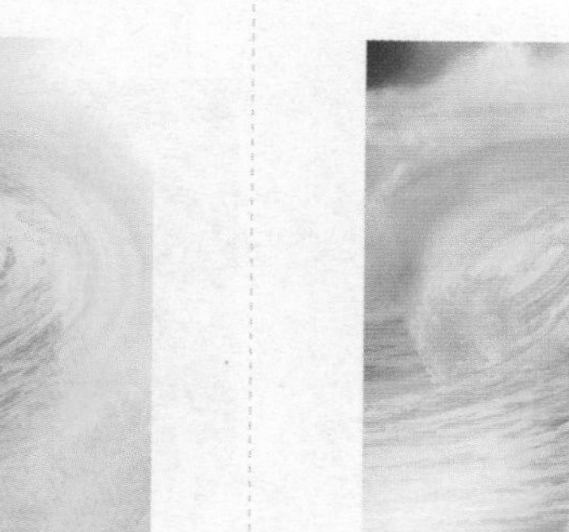

STEP8 单击按钮，选择【色彩平衡】命令，设置参数为：51，-6，-57。

STEP9 按【Ctrl+O】组合键，打开素材：长发美女.tif 并导入窗口中，此时生成“图层 2”。

STEP10 选择【橡皮擦工具】，擦除人物边缘的生硬图形，使其与背景相融合。

STEP11 按住【Ctrl】键单击“图层 2”的缩览图载入其外轮廓选区。

STEP12 单击按钮，选择【曲线】命令，向上微调曲线弧度，提高选区内图像亮度。

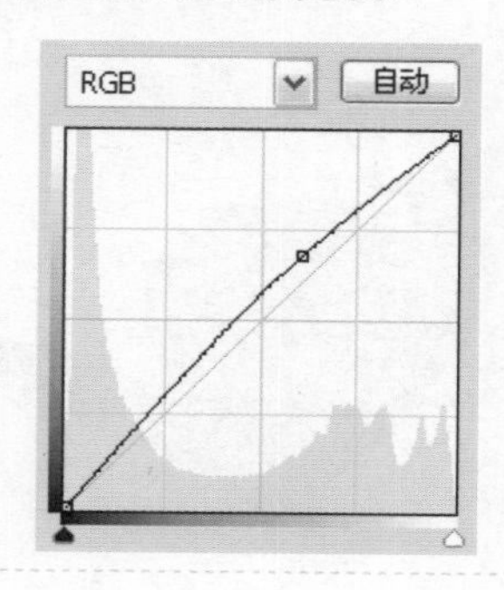

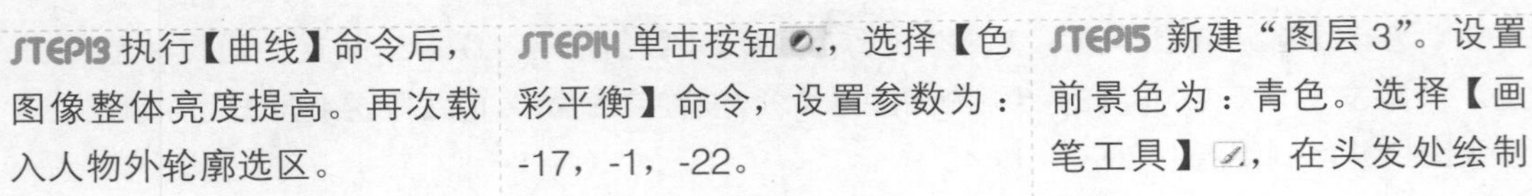

STEP13 执行【曲线】命令后，图像整体亮度提高。再次载入人物外轮廓选区。

STEP14 单击按钮，选择【色彩平衡】命令，设置参数为：-17，-1，-22。

STEP15 新建“图层 3”。设置前景色为：青色。选择【画笔工具】，在头发处绘制颜色。

STEP16 设置“图层 3”的【混合模式】为：柔光。

STEP17 新建“图层 4”。设置前景色为：黄色。选择【画笔工具】，继续绘制颜色。

STEP18 设置“图层 4”的【混合模式】为：柔光。

STEP19 按【Ctrl+O】组合键，打开素材：蝴蝶.tif，并导入窗口中。

STEP20 按【Ctrl+T】组合键等比例缩小图像并旋转调整其到人物左侧肩膀处。

STEP21 按【Ctrl+J】组合键复制生成“图层 5 副本”，按【Ctrl+T】组合键调整其到人物右侧肩膀处。

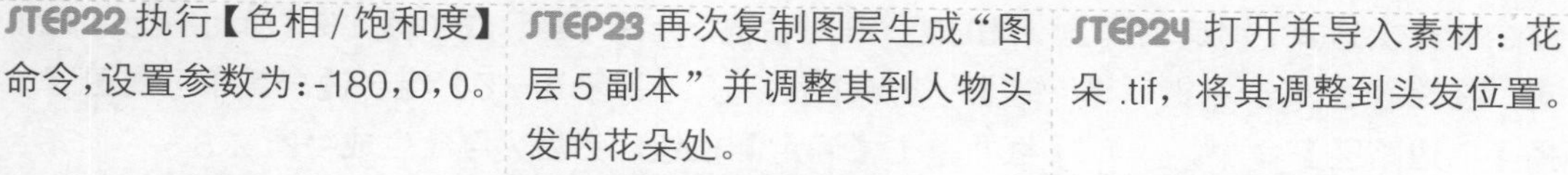

STEP22 执行【色相/饱和度】命令，设置参数为：-180，0，0。

STEP23 再次复制图层生成“图层5副本”并调整其到人物头发的花朵处。

STEP24 打开并导入素材：花朵.tif，将其调整到头发位置。

STEP25 选择【钢笔工具】，沿头发纹理绘制弧线路径。

STEP26 按【Ctrl+Alt+T】组合键打开调节框，拖动中心点到右下侧角点并旋转复制。

STEP27 按【Enter】键确定，并双击【工作路径】将路径存储为【路径1】以便制作。

STEP28 多次按【Shift+Ctrl+Alt+T】组合键，等比例复制出多个弧线路径。

STEP29 用相同方法在其他头发纹理处绘制多个弧线路径组。新建“图层7”设置前景色为：深青色。

STEP30 选择【画笔工具】，设置【画笔】参数为：柔角，2像素。按【F5】键打开【画笔】面板，单击【形状动态】复选框，设置【控制】为：钢笔压力，其他参数为：0%。

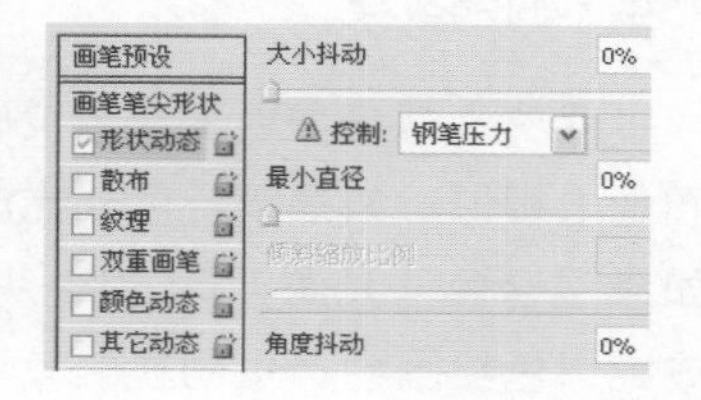

STEP31 再次选择【钢笔工具】，在路径上单击右键，选择【描边路径】命令。

STEP32 打开对话框，选择【画笔】，勾选【模拟压力】复选框并单击【确定】按钮，然后对其进行描边。

STEP33 按【Shift+Ctrl+Alt+E】组合键，盖印可视图层，自动生成“图层 8”。

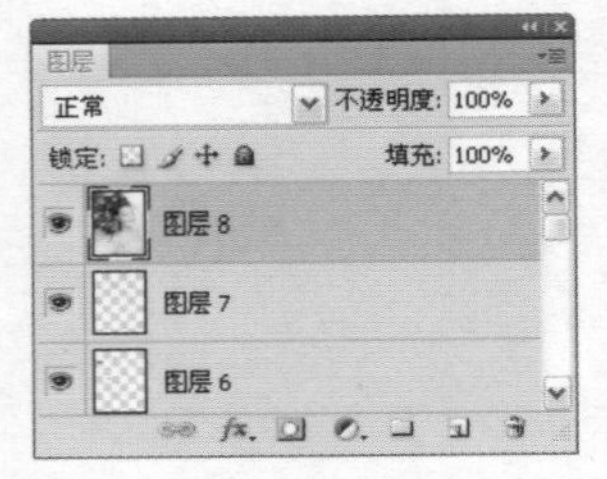

STEP34 执行【滤镜】|【模糊】|【高斯模糊】命令，设置参数为：5。

STEP35 设置“图层 8”的【混合模式】为：柔光，【不透明度】为：25%。

STEP36 打开并导入素材：材质.tif 到窗口右下侧并设置【混合模式】为：叠加，得到最终效果。

剖析知识点：

图层混合模式：是当图像叠加时，上面图层与下面图层的像素进行混合，从而得到另外一种图像效果。Photoshop CS4 提供了二十多种不同的图层混合模式，不同的图层混合模式可以产生不同的效果。

柔光：是使颜色变亮或变暗的工具，具体效果取决于混合色。此效果与发散的聚光灯照在图像上相似。如果混合色（光源）比 50% 灰色亮，则图像变亮，就像原来的颜色被减淡了一样。如果混合色（光源）比 50% 灰色暗，则图像变暗，就像原来的颜色被加深了一样。用纯黑色或纯白色绘画会产生明显的较暗或较亮的区域，但不会产生纯黑色或纯白色。

12.2 梦幻精灵合成

处理前

处理后

案例分析

本实例讲解制作“梦幻精灵合成”的方法。在制作过程中，主要运用了【直线工具】、【自定形状工具】、【混合模式】、【云彩】等命令制作主题背景，再运用【移动工具】、【橡皮擦工具】合成主题图像，最后再运用【曲线】、【色相/饱和度】等命令调整图像局部或整体色彩与亮度。

源文件：素材与源文件/第12章/12.2/源文件/梦幻精灵合成.psd

素材：素材与源文件/第12章/12.2/素材/芦苇.tif、模特.tif

视频教程：Video/12/12-2

STEP1 新建文件：梦幻精灵合成，并设置参数为：13厘米，18厘米，200像素/英寸，RGB颜色，白色。

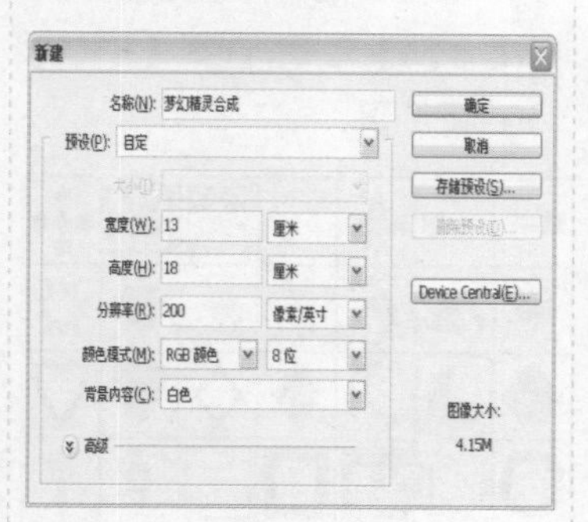

STEP2 设置前景色为：深蓝黑色。按【Alt+Delete】组合键填充“背景”图层为：前景色。

STEP3 新建“图层1”，设置背景色为：灰色，执行【滤镜】|【渲染】|【云彩】命令。

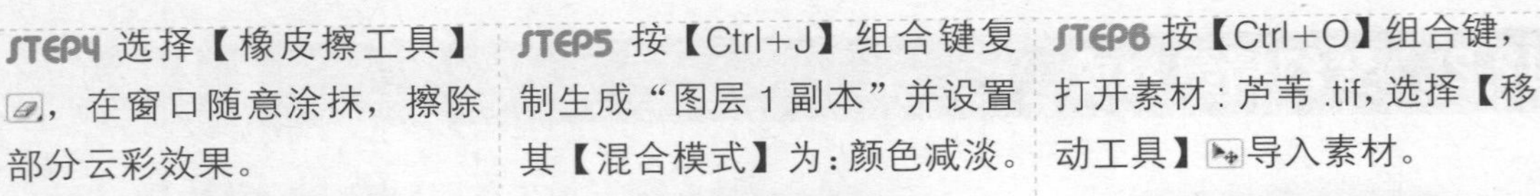

STEP4 选择【橡皮擦工具】，在窗口随意涂抹，擦除部分云彩效果。

STEP5 按【Ctrl+J】组合键复制生成“图层 1 副本”并设置其【混合模式】为：颜色减淡。

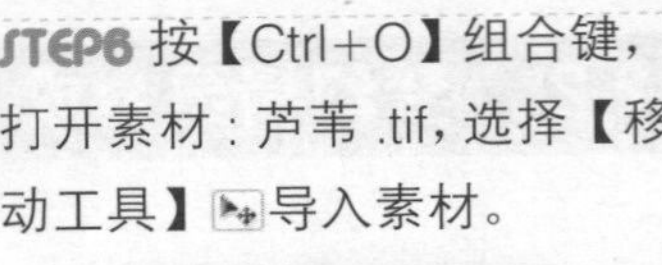

STEP6 按【Ctrl+O】组合键，打开素材：芦苇.tif，选择【移动工具】导入素材。

STEP7 选择【橡皮擦工具】，擦除芦苇上侧的多余生硬图像，使其与背景相融合。

STEP8 设置芦苇“图层 2”的【混合模式】为：颜色减淡。此时素材与背景更加融合。

STEP9 执行【图像】|【调整】|【去色】命令，去掉图像颜色并新建“图层 3”。

STEP10 设置前景色为：白色，选择【直线工具】，设置【粗细】参数为：1，在上侧绘制多个垂直且长短不等的直线。

STEP11 执行【滤镜】|【模糊】|【高斯模糊】命令，设置参数为：1，设置【不透明度】为：43%。

STEP12 选择【自定形状工具】，并单击下拉按钮打开面板，单击面板右侧按钮选择【全部】命令，选择【形状】为：新月。

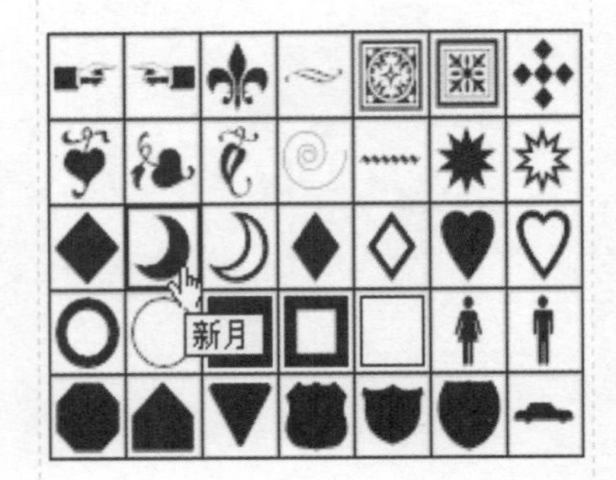

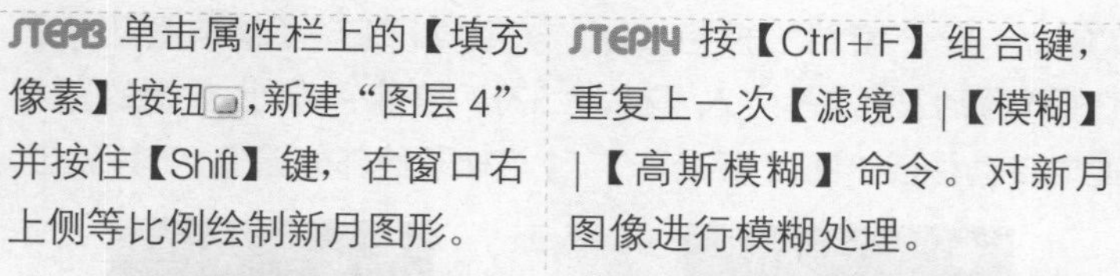

STEP13 单击属性栏上的【填充像素】按钮，新建“图层 4”并按住【Shift】键，在窗口右上侧等比例绘制新月图形。

STEP14 按【Ctrl+F】组合键，重复上一次【滤镜】|【模糊】|【高斯模糊】命令。对新月图像进行模糊处理。

STEP15 执行【图层】|【图层样式】|【外发光】命令，设置【颜色】为：灰色，【大小】为：35，其他参数不变。

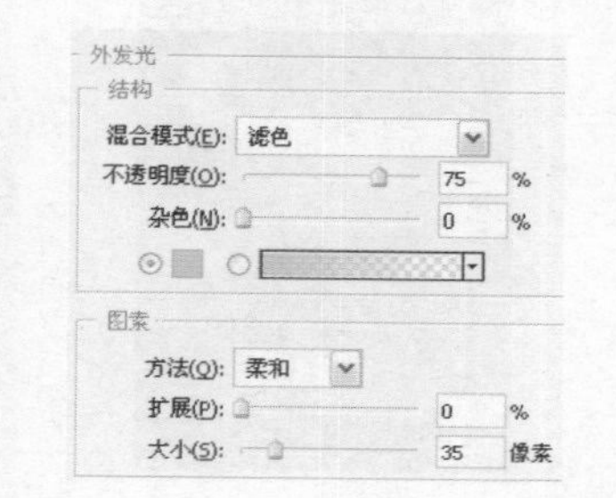

STEP16 执行【外发光】命令后，单击【确定】按钮观察图像效果。

STEP17 再次单击【自定形状工具】下拉按钮打开该面板，选择【形状】为：五角星。

STEP18 新建“图层 5”并按住【Shift】键，在直线下侧等比例绘制多个五角星图像。

STEP19 设置“图层 2”的【填充】为：20%。

STEP20 再次执行【外发光】命令。设置【混合模式】为：滤色，【大小】为:18，其他参数不变。

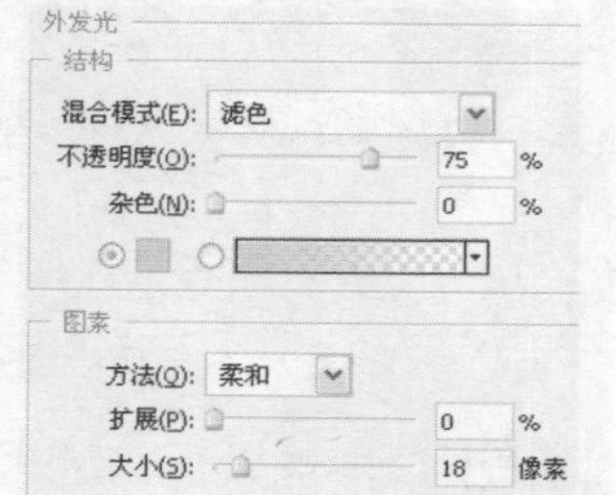

STEP21 单击【内发光】复选框，设置【混合模式】为：正常，【大小】为:29,其他参数不变。

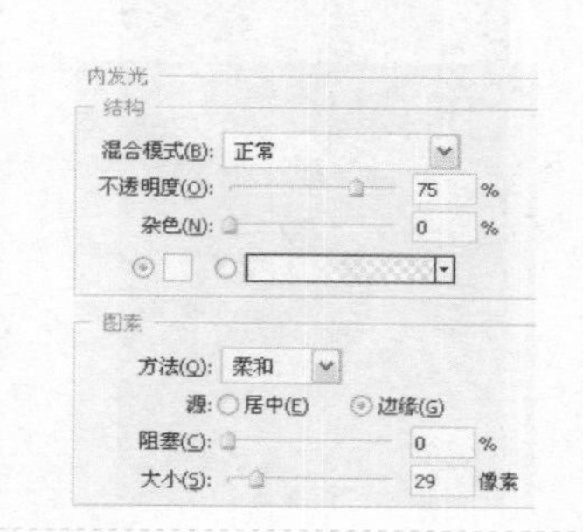

STEP22 为图层添加【图层样式】后，单击【确定】按钮，观察图像效果。

STEP23 打开素材：模特.tif。选择【移动工具】导入素材。此时自动生成“图层6”。

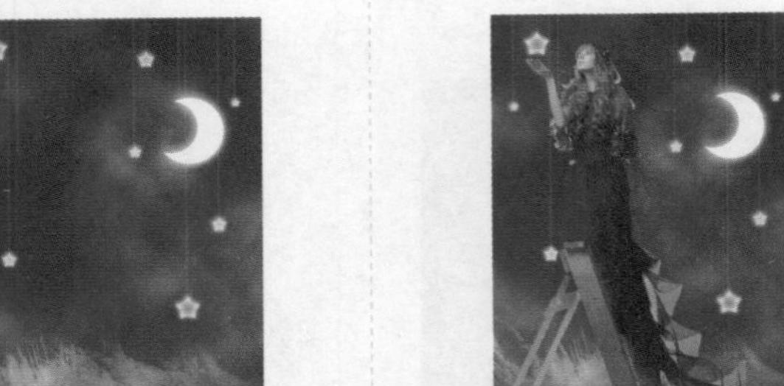

STEP24 选择【橡皮擦工具】，擦除芦苇上多余的裙摆与梯子的部分图像，使其融合。

STEP25 按住【Ctrl】键单击“图层6”缩览图载入选区。

STEP26 执行【曲线】命令，向上微调曲线弧度。

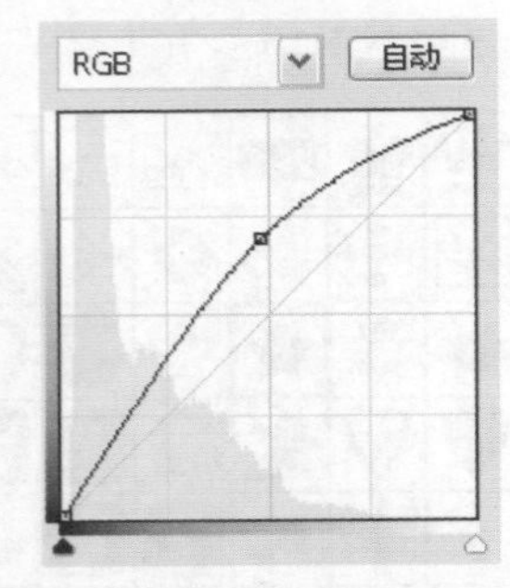

STEP27 再次载入“图层6”选区。

STEP28 单击按钮，选择【色相/饱和度】命令，设置参数为：0，-75，0。

STEP29 设置前景色为：黑色，选择【画笔工具】，在窗口涂抹隐藏人物头发位置多余的色相/饱和度效果。

STEP30 按【Shift+Ctrl+Alt+E】组合键盖印可视图层，自动生成“图层7”。执行【滤镜】|【模糊】|【高斯模糊】命令并设置参数为：5。

STEP31 执行【高斯模糊】命令后，单击【确定】按钮观察图像效果。

STEP32 设置“图层 7”的【混合模式】为：柔光，【不透明度】为：64%。

STEP33 选择工具箱中的【橡皮擦工具】，擦除人物上半身的多余柔光效果。

STEP34 单击，选择【色彩平衡】命令，设置参数为 -15，-10，-5。

STEP35 单击，选择【曲线】命令，并调整曲线弧度。

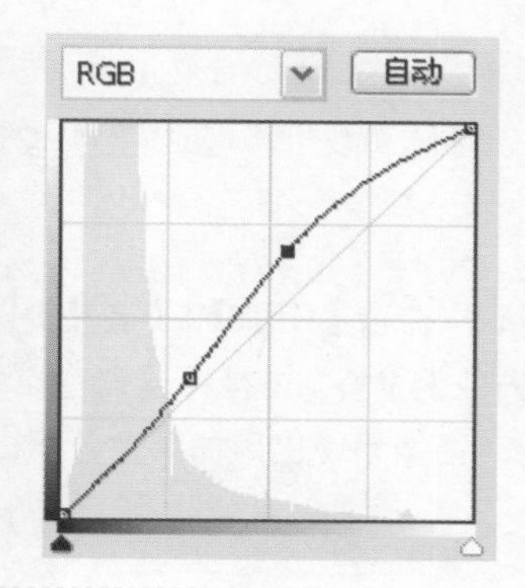

STEP36 选择【画笔工具】，隐藏面部的曲线效果，此时最终效果制作完毕。

剖析知识点：

自定形状工具

形状：此列表中提供了一些图形，读者可根据需要进行选择。

定义的比例：限制自定义图形的比例（但大小可改变）。

定义的大小：限制自定义图形的尺寸大小。

12.3 婚纱合成

处理前

处理后

案例分析

本实例讲解制作“婚纱合成”的方法。在制作过程中，主要运用了【去色】、【曲线】等命令制作主题背景，再运用【钢笔工具】、【橡皮擦工具】、【画笔工具】、【直排文字工具】等合成主题图像，最后再运用【云彩】、【混合模式】、【色彩平衡】等命令为图像添加效果。

源文件：素材与源文件 / 第 12 章 /12.3/ 源文件 / 婚纱合成 .psd

素材：素材与源文件 / 第 12 章 /12.3/ 素材 / 婚纱 1.tif、婚纱 2.tif、水墨 .tif、荷花 .tif、荷叶 .tif

视频教程：Video/12/12-3

STEP1 按【Ctrl+O】组合键，打开素材：婚纱 1.tif，并按【Ctrl+J】组合键，复制生成“图层 1”。

STEP2 执行【图像】|【调整】|【去色】命令，去掉图像颜色。此时图像呈现出黑白单色效果。

STEP3 单击按钮，选择【曲线】命令，向上调整曲线弧度。

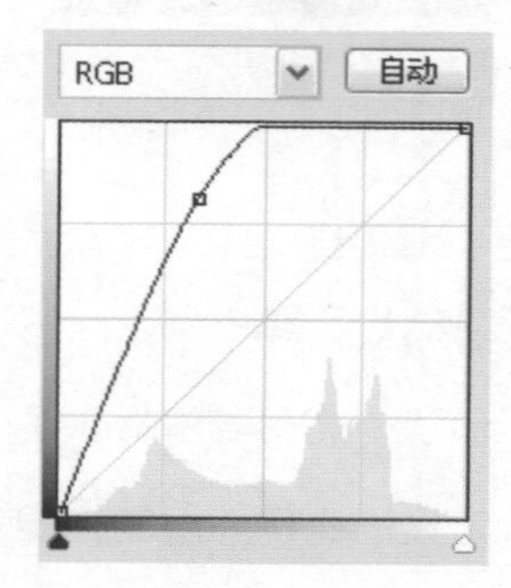

STEP4 执行【曲线】命令后，图像整体亮度提高。

STEP5 打开素材：婚纱 2.tif，选择【移动工具】导入素材，自动生成“图层 2”。

STEP6 选择【钢笔工具】，单击【路径】按钮，沿人物外轮廓绘制闭合路径。

STEP7 按【Ctrl+Enter】组合键，转换路径为选区。

STEP8 按【Ctrl+J】组合键，复制选区到“图层 3”中，并隐藏“图层 2”，观察图像效果。

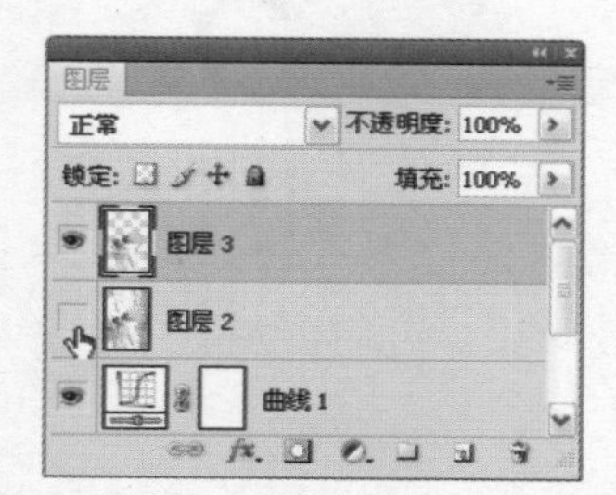

STEP9 隐藏“图层 2”后得到图像效果。

STEP10 隐藏“图层 3”，显示并选择“图层 2”，执行【图像】|【调整】|【去色】命令。

STEP11 选择【橡皮擦工具】，擦除左上侧柳树以外的多余图像并新建“图层 4”。

STEP12 选择【画笔工具】，按【F5】键设置【画笔】为：Chalk 17 pixels，单击【画笔笔尖形状】，并设置【直径】为：88，【间距】为：94%。

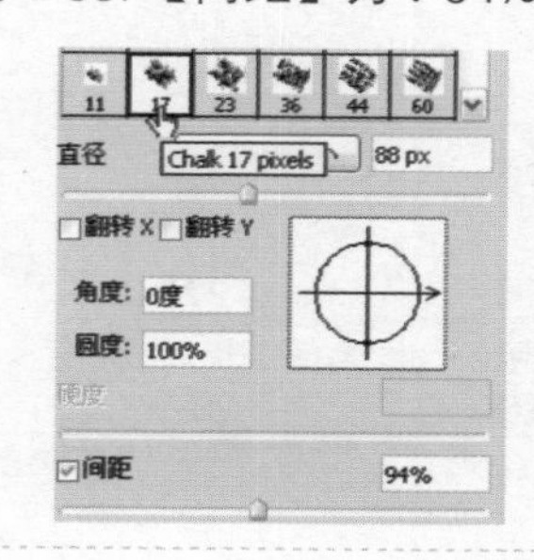

STEP13 单击【形状动态】复选框并设置参数为：100%，100%，100%，0%，25%。

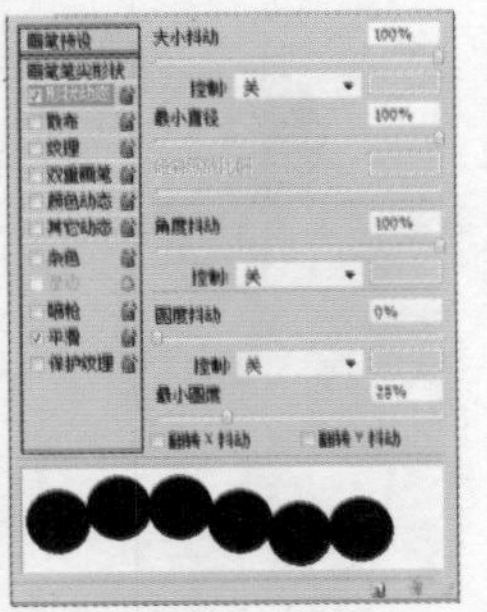

STEP14 单击【双重画笔】选项并选择 Spatter 39 pixels，设置参数为：19，1%，62%，8。

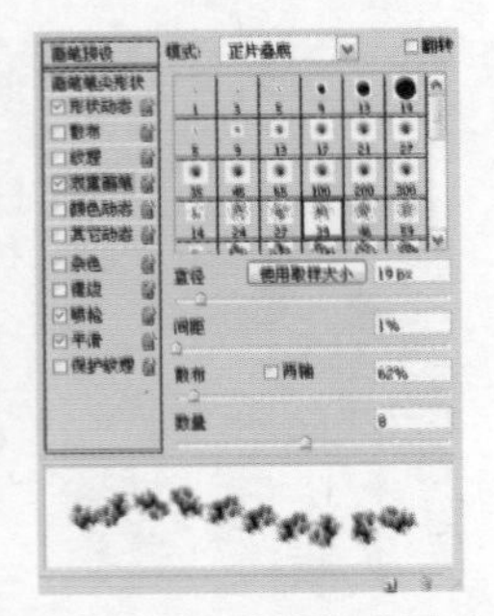

STEP15 设置前景色为：灰色，单击【喷枪】按钮，在窗口上侧随意绘制水墨图形。

STEP16 选择【直排文字工具】T，在窗口右上侧输入诗词。

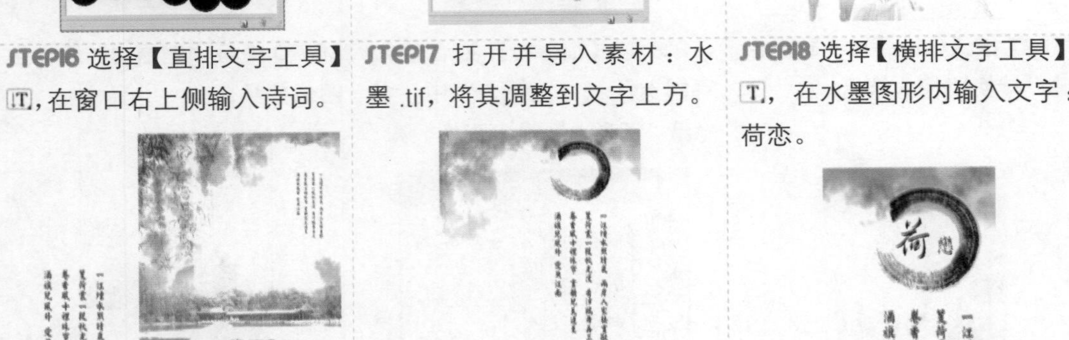

STEP17 打开并导入素材：水墨.tif，将其调整到文字上方。

STEP18 选择【横排文字工具】T，在水墨图形内输入文字：荷恋。

STEP19 单击按钮，选择【色彩平衡】命令，设置参数为：+5，-3，-57。

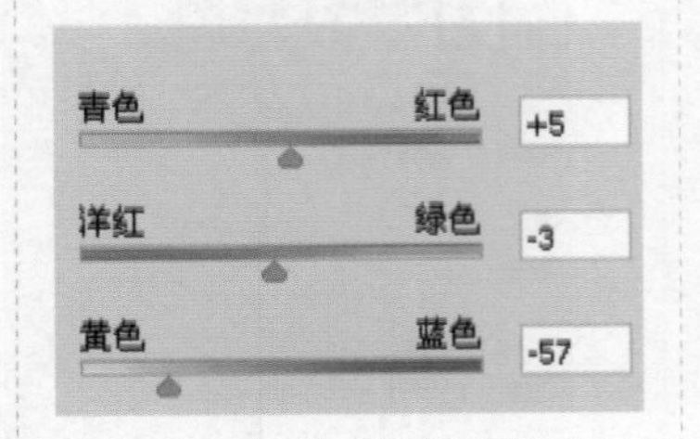

STEP20 执行【色彩平衡】命令后，图像黄色像素提高。

STEP21 选择"图层 3"并单击按钮，选择【曲线】命令，向下调整曲线弧度。

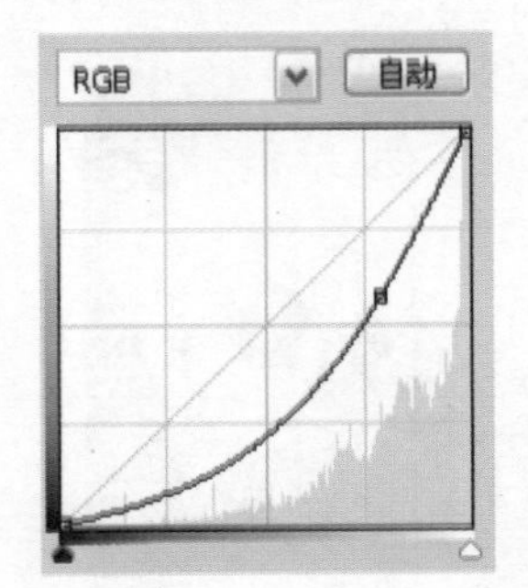

STEP22 执行【曲线】命令后，图像整体亮度降低，设置前景色为：黑色。

STEP23 选择【画笔工具】，涂抹隐藏柳树与人物面部的部分曲线效果。

STEP24 按住【Ctrl】键单击“图层3“缩览图载入其外轮廓选区。

STEP25 单击按钮，选择【色彩平衡】命令，设置参数为：+58，-5，0。

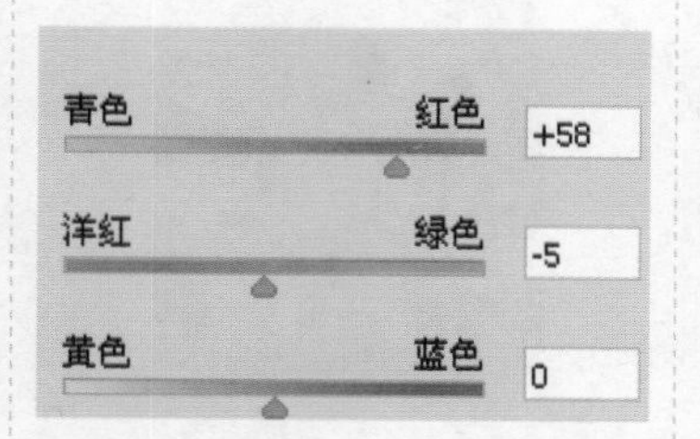

STEP26 执行【色彩平衡】命令后，人物的红色像素提高。

STEP27 设置【混合模式】为：柔光，【不透明度】为：51%。

STEP28 新建“图层6”设置前景色为：深蓝色，背景色为：白色。执行【滤镜】|【渲染】|【云彩】命令。

STEP29 选择【橡皮擦工具】，擦除左下侧以外的云彩效果。

STEP30 复制图层并设置“副本图层”的【混合模式】为：正片叠底。

STEP31 打开并导入素材：荷花.tif到窗口左下侧，此时自动生成“图层7”。

STEP32 按住【Ctrl】键单击“图层7”的缩览图载入选区。

STEP33 单击按钮，选择【色彩平衡】命令，设置参数为：-41，+20，-23。

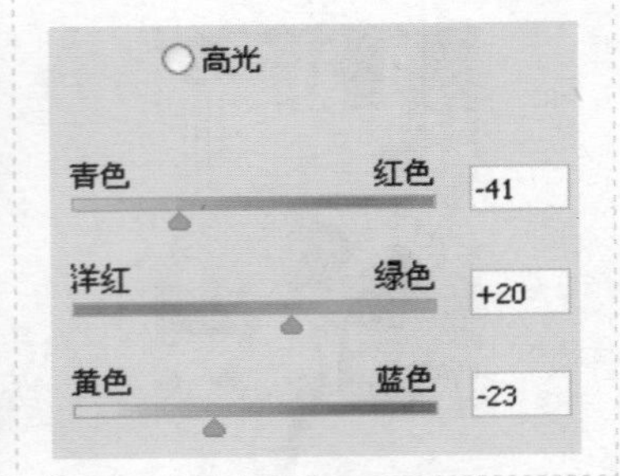

STEP34 执行【色彩平衡】命令后，图像青色像素加强。

STEP35 设置前景色为：黑色，选择【画笔工具】，隐藏荷花位置的色彩平衡效果。

STEP36 打开并导入素材：荷叶.tif，得到最终效果。

剖析知识点：

【画笔】面板：用于选择预设画笔和自定义画笔。不同的画笔决定了绘图和修图工具的笔触大小和形状，直接影响到图像处理的最终效果。掌握好画笔的使用对学好Photoshop CS4是十分重要的，会使用户创作出很多意想不到的特殊效果。

正片叠底：主要用于查看每个通道中的颜色信息，并将基色与混合色复合。结果色总是较暗的颜色。任何颜色与黑色复合产生黑色。任何颜色与白色复合保持不变。当用黑色和白色以外的颜色绘画时，绘画工具绘制的连续描边产生逐渐变暗的颜色。这与使用多个魔术标记在图像上绘图的效果相似。

12.4　电影海报合成

处理前　　　　　处理后

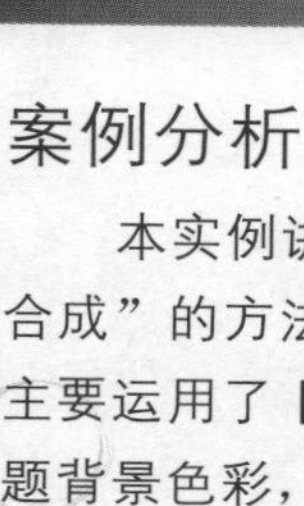

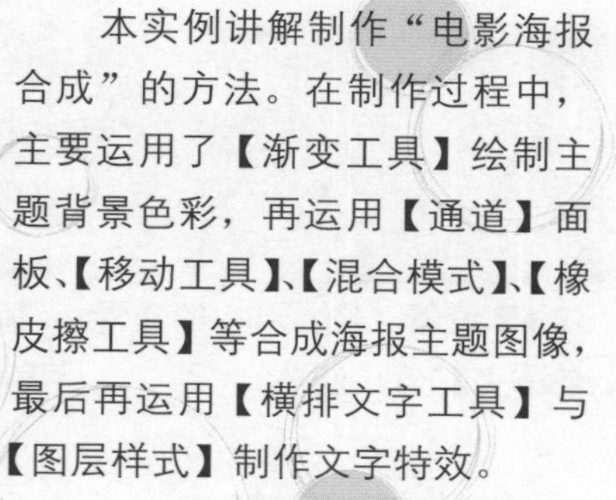

案例分析

本实例讲解制作“电影海报合成”的方法。在制作过程中，主要运用了【渐变工具】绘制主题背景色彩，再运用【通道】面板、【移动工具】、【混合模式】、【橡皮擦工具】等合成海报主题图像，最后再运用【横排文字工具】与【图层样式】制作文字特效。

源文件：素材与源文件 / 第 12 章 /12.4/ 源文件 / 电影海报合成 .psd

素材：素材与源文件 / 第 12 章 /12.4/ 素材 / 天空 .tif、情侣 1.tif、情侣 2.tif

视频教程：Video/12/12-4

STEP1 新建文件：电影海报合成，并设置参数为：12 厘米，18 厘米，200 像素 / 英寸，RGB 颜色，白色。

名称(N): 电影海报合成
预设(P): 自定
大小(I):
宽度(W): 12 厘米
高度(H): 18 厘米
分辨率(R): 200 像素/英寸
颜色模式(M): RGB 颜色 8 位
背景内容(C): 白色

STEP2 选择【渐变工具】，单击属性栏上的【编辑渐变】按钮，打开【渐变编辑器】对话框，设置渐变色为：蓝色 – 淡蓝色。

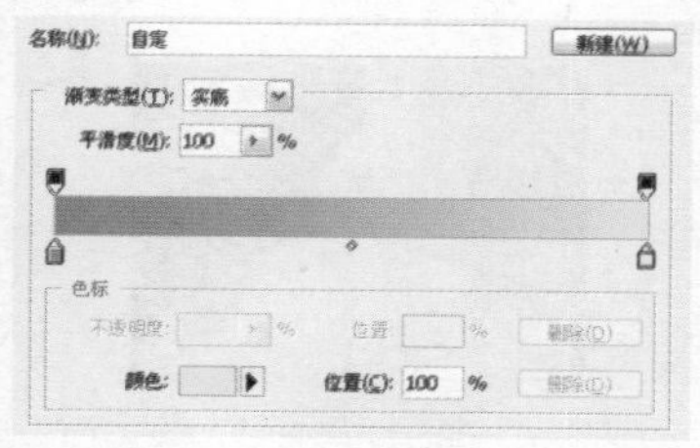

STEP3 单击属性栏上的【线性渐变】按钮，在窗口从上向下绘制线性渐变。

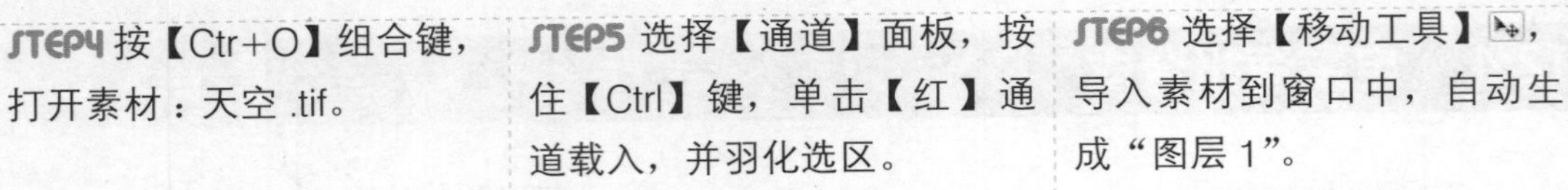

STEP4 按【Ctr+O】组合键，打开素材：天空 .tif。

STEP5 选择【通道】面板，按住【Ctrl】键，单击【红】通道载入，并羽化选区。

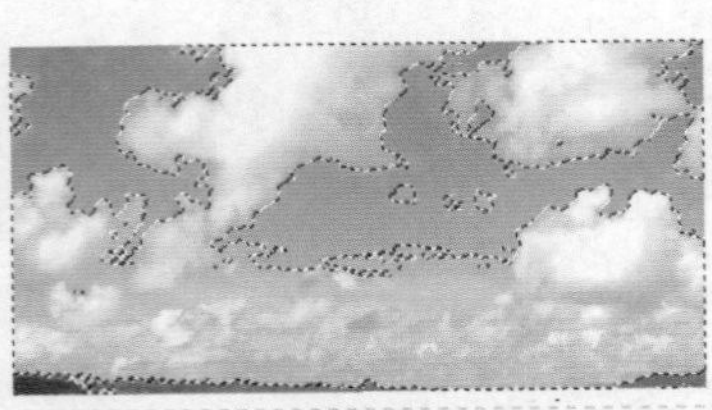

STEP6 选择【移动工具】，导入素材到窗口中，自动生成“图层 1”。

STEP7 设置“图层 1”的【混合模式】为：滤色。

STEP8 选择【橡皮擦工具】，擦除上下两侧的生硬图形。

STEP9 新建“图层 2”，设置前景色为：淡蓝色，选择【画笔工具】，在窗口绘制颜色。

STEP10 设置“图层 2”的【混合模式】为：柔光。

STEP11 打开并导入素材：情侣 1.tif，此时自动生成“图层 3”。

STEP12 设置“图层 3”【混合模式】为：柔光，选择【橡皮擦工具】，擦除边缘多余生硬图像。

STEP13 打开并导入素材：情侣 2.tif。此时自动生成“图层 4”。

STEP14 选择【橡皮擦工具】，擦除边缘多余生硬图像。

STEP15 按住【Ctrl】键单击“图层 4”载入其外轮廓选区。

STEP16 单击按钮，选择【色彩平衡】命令，设置参数为：-75，-23，36。设置前景色为：黑色。

STEP17 选择【画笔工具】，涂抹隐藏人物面部的色彩平衡效果。

STEP18 再次载入“图层 4”选区，单击按钮，选择【色相/饱和度】命令，设置参数为：0，-38，0。

STEP19 选择【画笔工具】，涂抹隐藏人物面部以外的色相/饱和度效果。

STEP20 选择【横排文字工具】，在窗口输入文字：三月之恋。

STEP21 执行【图层】|【图层样式】|【投影】命令，设置参数为默认值。

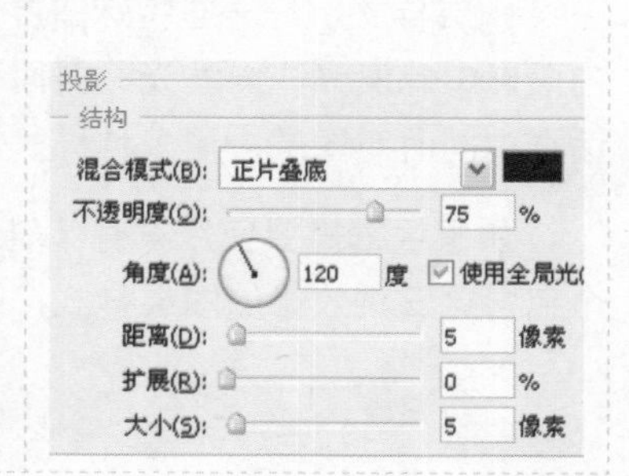

STEP22 单击【渐变叠加】选项，设置【角度】为:-142,【渐变】为：深紫红色－红色。

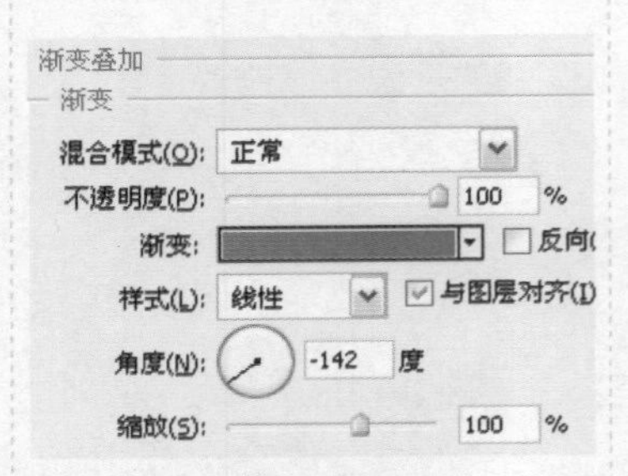

STEP23 单击【描边】选项，设置【颜色】为：白色。其他参数保持默认值。

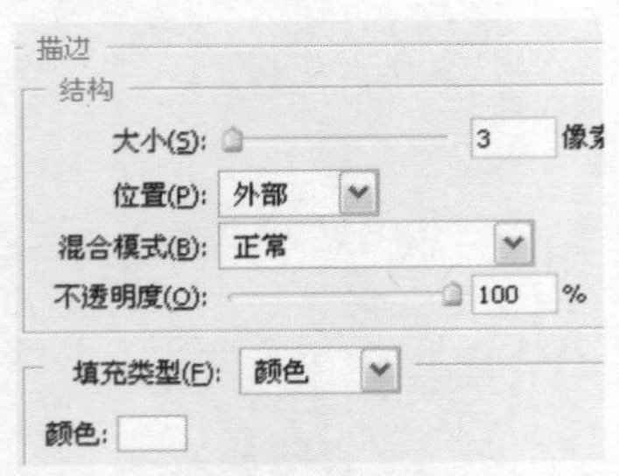

STEP24 为图层添加【图层样式】后，单击【确定】按钮观察图像效果。

STEP25 选择【横排文字工具】T，在窗口输入其他文字介绍。

STEP26 选择窗口上方的文字图层，执行【投影】命令，设置【距离】为:1，【大小】为:1，其他参数保持默认值。

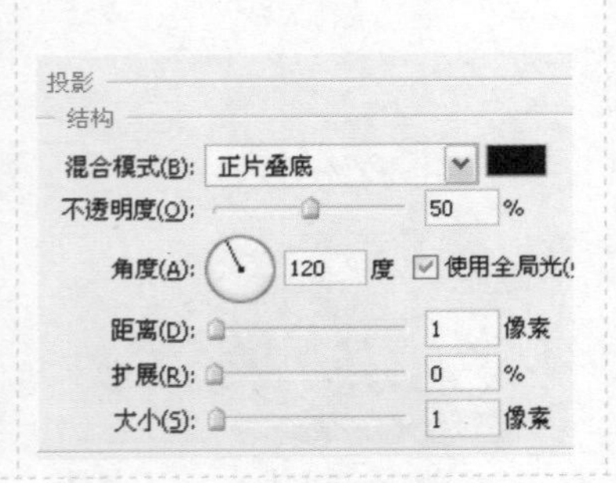

STEP27 添加【投影】效果后，图像最终效果制作完毕。

剖析知识点：

图层样式：是一些特殊图层效果的集合。在【图层样式】对话框中可以为图层添加投影、内阴影、外发光、内发光、斜面和浮雕、光泽、颜色叠加等效果。用户可以在【图层样式】对话框中同时对图层应用多种样式效果。

如果经常需要使用具有【斜面和浮雕】、【投影】、【图案叠加】效果的文字，就可以创建一个包含这三种效果的图层样式，这样就无须每次都重新定义各种效果。

12.5 创意MP3壁纸合成

案例分析

本实例讲解了在商业广告中运用不同的数码照片合成“创意 MP3 广告壁纸”的方法。在制作过程中，主要运用【曲线】、【色相 / 饱和度】等命令调整图像色彩，再运用【钢笔工具】、【横排文字工具】添加文字与线条图像。

处理前

处理后

源文件：素材与源文件 / 第 12 章 /12.5/ 源文件 / 创意 MP3 壁纸合成 .psd

素材：素材与源文件 / 第 12 章 /12.5/ 素材 / 吉他 .tif、吉他 2.tif、吉他 3.tif、MP3.tif、MP3 正面 .tif、巷子 .tif、麦克 .tif、跳跃 .tif、话筒 .tif

视频教程：Video/12/12-5

STEP1 按【Ctrl+O】组合键，打开素材：巷子 .tif。

STEP2 选择【仿制图章工具】，按住【Alt】键，在地面单击取样，并在猫咪处涂抹将其仿制覆盖。

STEP3 单击按钮，选择【曲线】命令，向上调整曲线弧度。

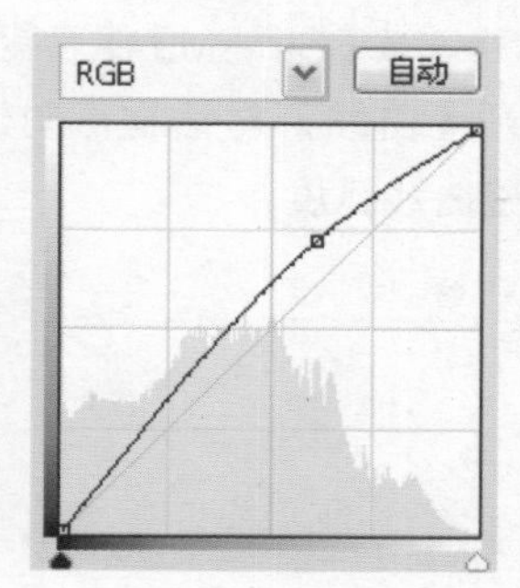

STEP4 调整完毕后，图像整体变亮。

STEP5 单击按钮，选择【色相/饱和度】命令，设置参数为：-4，-21，0。

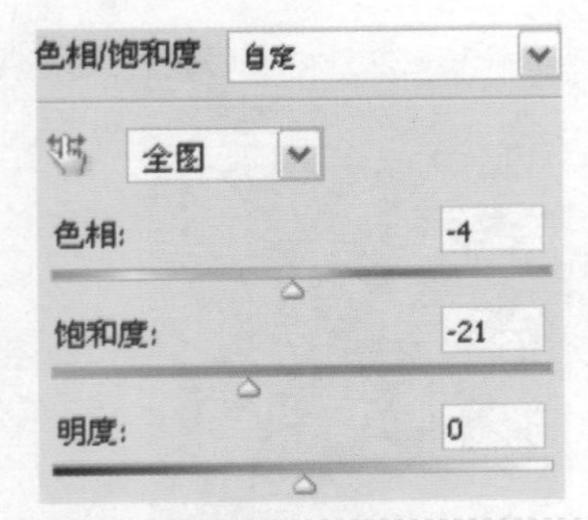

STEP6 调整完毕后，图像饱和度降低。

STEP7 单击按钮，选择【照片滤镜】命令，设置【滤镜】为：青，【浓度】为：44。

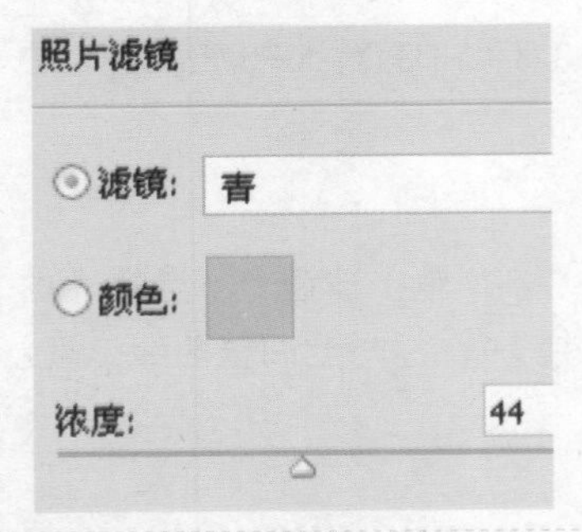

STEP8 调整完毕后，图像呈现偏蓝效果。

STEP9 按【Ctrl+O】组合键，打开并导入素材：跳跃.tif。

STEP10 按【Ctrl+M】组合键，打开【曲线】对话框，向上调整曲线弧度。

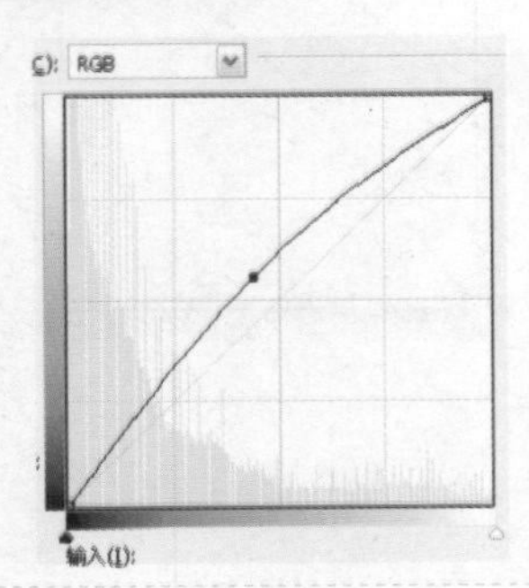

STEP11 调整完毕后，人物变亮。

STEP12 选择【钢笔工具】，绘制投影路径并转换为选区，填充黑色并取消选区。

STEP13 执行【滤镜】|【模糊】|【高斯模糊】命令，设置【半径】为：3。

STEP14 按【Ctrl+O】组合键，打开素材：麦克 .tif。导入图像并拖移至“图层 1”下方。

STEP15 按【Ctrl+Alt+T】组合键打开调节框，拖移复制图像并调整图像大小和图层位置。

STEP16 按【Enter】键确定并用同样方法继续复制出副本图层。

STEP17 用同样的方法继续在人物左侧制作出如图所示的图像。

STEP18 按【Ctrl+O】组合键，打开素材：吉他 .tif。导入图像并旋转和调整图像大小。

STEP19 用之前的方法拖移复制出副本图层并调整其位置。

STEP20 打开并导入素材：吉他 2.tif，旋转调整图像大小。

STEP21 用之前的方法拖移复制出副本图层并调整其位置。

STEP22 打开并导入素材：吉他 3.tif，旋转调整图像大小。拖移复制出副本并调整图层顺序。

STEP23 按住【Ctrl+Shift】组合键单击“图层 4”、“图层 4 副本”、“图层 6 副本”、缩览图载入多个图层的选区。

STEP24 单击按钮，选择【曲线】命令，向下调整曲线弧度。

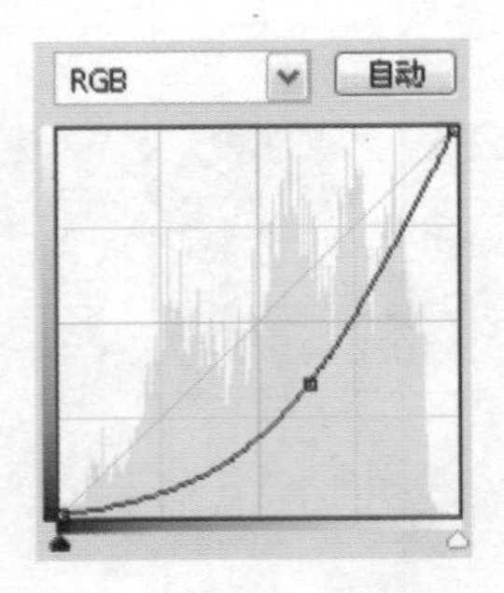

STEP25 调整完毕后，选区内整体变暗。

STEP26 用制作左侧图像的方法继续制作右侧图像，形成如蝴蝶翅膀效果。

STEP27 单击按钮，选择【色相/饱和度】命令，设置参数为：+5，-15，0。

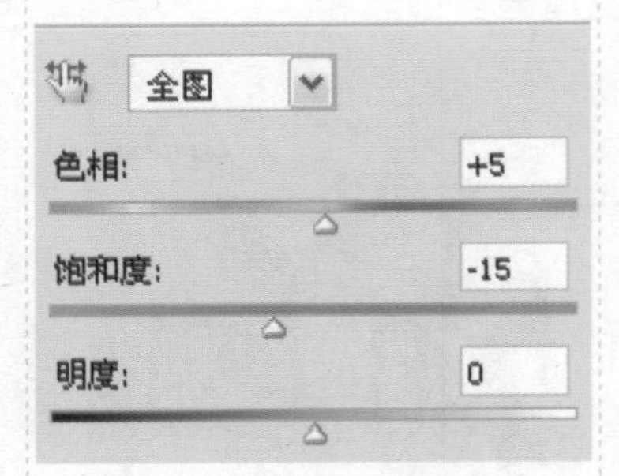

STEP28 调整完毕后，图像饱和度降低。

STEP29 打开并导入素材：话筒 .tif，调整图像大小，并拖移至“图层 1”上方。

STEP30 按【Shift+Ctrl+Delete】组合键，填充话筒颜色为：白色。

STEP31 拖移复制出两个副本图层并水平翻转图像，放置于“图层 1”下方。

STEP32 打开并导入素材：MP3 正面 .tif，等比缩小并旋转图像，拖移至“图层 7”上方。

STEP33 选择【画笔工具】，设置【画笔大小】为：1，按【F5】键，打开【画笔预设】对话框，单击【形状动态】选项，设置【控制】为：钢笔压力。

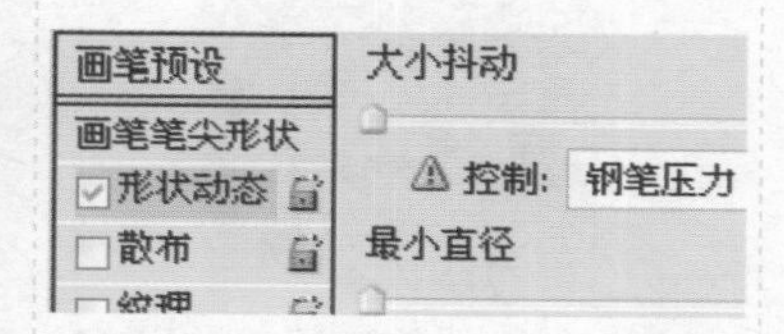

STEP34 新建“图层 9”，选择【钢笔工具】，绘制耳机外轮廓路径。

STEP35 在路径上单击右键，选择【描边路径】命令，打开【画笔描边】对话框，选择【画笔】，单击【确定】按钮对其进行描边。

STEP36 打开并导入素材：MP3 正面 .tif，将图像拖移至窗口右下方。

STEP37 按【Ctrl+Alt+T】组合键打开调节框，垂直翻转图像并拖移至窗口下方。

STEP38 按【Enter】键确定并单击按钮，为图层添加蒙版，选择【渐变工具】，在蒙版中从下往上绘制黑色至白色的线性渐变。

STEP39 打开并导入素材：MP3.tif，并用同样的方法为图像制作倒影效果。

STEP40 选择【直排文字工具】T，输入文字并分别填充黄色和黑色。

STEP41 单击按钮，选择【色相/饱和度】命令，设置参数为：2，32，0。

色相/饱和度 自定
全图
色相：2
饱和度：32
明度：0

STEP42 调整完毕后，图像整体饱和度增强。

STEP43 单击按钮，选择【色彩平衡】命令，设置参数为：-23，0，-5。

青色 红色 -23
洋红 绿色 0
黄色 蓝色 -5

STEP44 调整完毕后，图像整体青色像素加强。

STEP45 执行【滤镜】|【锐化】|【USM锐化】命令，设置参数为：52%，5得到最终效果。

剖析知识点：

滤镜：可把带颜色的滤镜直接放在相机镜头前方来调整图片的颜色，还可通过选择色彩预置，调整图像的色相。

【照片滤镜】命令：在下拉列表中选择预置滤镜，包括调整图像中白色平衡的色彩转换滤镜或以较小幅度调整图像色彩质量的光线平衡滤镜。

颜色：单击该选项中的色块来设置滤镜的颜色。

浓度：调整应用到图像中的颜色浓度。值越高，色彩就越接近设置的滤镜颜色。

保留亮度：选择该复选框，图像的明度不会因为其他选项的设置而改变。

12.6　地产广告合成

处理前

处理后

案例分析

本例讲解地产广告合成的方法与技巧。在制作过程中主要运用【渐变工具】绘制图像的背景色，然后导入花纹、人物和别墅等一系列素材，并对素材加以处理，从而制作出时尚且主题鲜明的地产广告。

源文件：素材与源文件 / 第 12 章 /12.6/ 源文件 / 地产广告合成 .psd

素材：素材与源文件 / 第 12 章 /12.6/ 素材 / 古诗 .tif、花纹 1.tif、花纹 2.tif、花纹 3.tif、鱼儿 .tif、祥云 .tif、花纹 4.tif、菊花 .tif、菊花 2.tif、人物 .tif、别墅 .tif、文字 .tif

视频教程：Video/12/12-6

STEP1 执行【文件】|【新建】命令，设置【名称】为：地产广告合成，并设置参数为：8 厘米，20 厘米，200 像素 / 英寸，白色。

名称(N): 地产广告合成
预设(P): 自定
大小(I):
宽度(W): 8 厘米
高度(H): 20 厘米
分辨率(R): 200 像素/英寸
颜色模式(M): RGB 颜色 8 位
背景内容(C): 白色

STEP2 选择【渐变工具】，单击按钮，设置渐变色为：红色 – 黑色渐变。

名称(N): 自定 新建(W)
渐变类型(T): 实底
平滑度(M): 100 %
色标
不透明度: % 位置: % 删除(D)
颜色: 位置(C): 100 % 删除(D)

STEP3 在属性栏上单击【径向渐变】按钮，在图像窗口中拖移填充渐变色。

STEP4 按【Ctrl+O】组合键，打开素材：古诗.tif，将其导入到窗口中，生成“古诗”图层。

STEP5 选择【图层】面板，设置“古诗”图层的【不透明度】为：50%。

STEP6 打开素材：花纹1.tif，将其导入到窗口中，生成“花纹1”图层。

STEP7 选择【图层】面板，设置“花纹1”图层的【图层混合模式】为：叠加。

STEP8 打开素材：花纹2.tif，将其导入到窗口中，生成“花纹2”图层。

STEP9 单击【添加图层样式】按钮 fx.，打开【渐变叠加】面板，设置【渐变】为：橙色－白色，【角度】为：-88，单击【确定】按钮。

STEP10 打开素材：花纹3.tif，将其导入到窗口中，生成“花纹3”图层。

STEP11 按【Ctrl+J】组合键复制生成“花纹3副本”，按【Ctrl+T】组合键，在控制窗外旋转图像，并调整图像到合适位置。

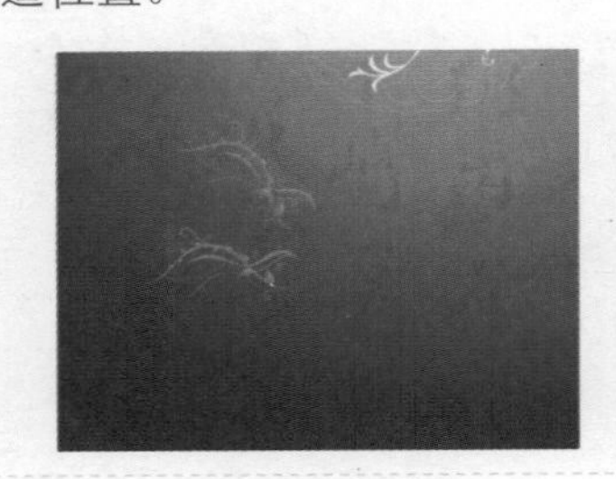

STEP12 执行【图像】|【调整】|【色相/饱和度】命令，设置参数为：+65，0，0，单击【确定】按钮。

STEP13 打开素材：鱼儿.tif，将其导入到窗口中，生成“鱼儿”图层。

STEP14 选择【图层】面板，设置“鱼儿”图层的【图层混合模式】为：正片叠底。

STEP15 打开素材：祥云.tif，将其导入到窗口中，生成“祥云”图层。

STEP16 按【Ctrl+J】组合键复制“祥云”图层两次，并分别按【Ctrl+T】组合键改变图像的大小和位置。

STEP17 打开素材：花纹4.tif，将其导入到窗口中，生成“花纹4”图层。

STEP18 单击【添加图层样式】按钮 *fx*，打开【斜面和浮雕】面板，设置【深度】为：52%，【大小】为：2，单击【确定】按钮。

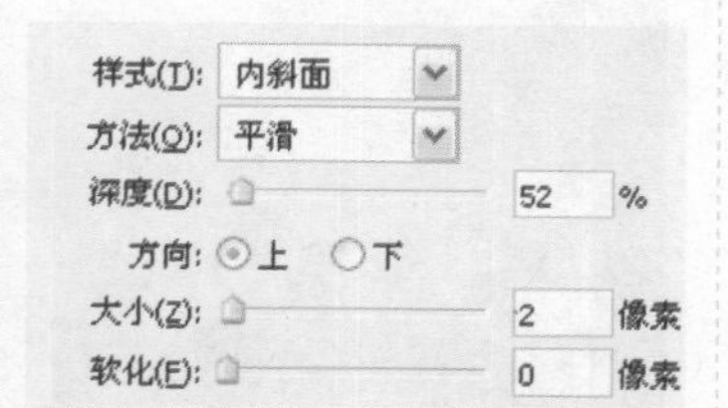

STEP19 为“花纹4”添加【斜面和浮雕】后，花纹的图像效果如下图所示。

STEP20 打开素材：菊花.tif，将其导入到窗口中，生成“菊花”图层。

STEP21 按【Ctrl+J】组合键复制生成“菊花副本”图层，按【Ctrl+T】组合键，改变图像大小和位置。

STEP22 执行【图像】|【调整】|【色相/饱和度】命令，设置参数为：-51，0，0。

STEP23 用相同的方法，复制“菊花”图层若干次，分别改变图像的大小、位置和颜色。

STEP24 打开素材：菊花 2.tif，将其导入到窗口下方，生成“菊花 2”图层。

STEP25 打开素材：人物 .tif，将其导入到窗口右下方，生成“人物”图层。

STEP26 载入“人物”选区，单击按钮，选择【曲线】命令，向上调整曲线弧度。

STEP27 打开素材图片：别墅 .tif，将其导入到窗口下方，生成“别墅 1”图层。

STEP28 执行【图像】|【调整】|【色相/饱和度】命令，设置参数为：-15，0，0。

STEP29 打开素材：文字 .tif，将其导入到窗口左上方，生成“文字”图层。

STEP30 导入文字素材后，图像的最终效果制作完毕。

第13章 数码图像动画处理

本章重点讲解制作数码图像动画的方法与技巧，其中主要以“眨眼睛的美女”、“梦幻的睡莲”、“奔驰的汽车”和“雨中的泡泡”等为实例，着重讲解 GIF 动态图像的制作方法，旨在让读者了解并掌握人物类、风景类等动态图像的制作。希望通过本章的学习，能够为读者的生活平添更多的乐趣。

13.1 眨眼睛的美女

处理前　　处理后

案例分析

本例讲解制作“眨眼睛的美女”动态效果图，主要运用了【套索工具】、【移动工具】、【自由变换】命令和【橡皮擦工具】，导入睁开的人物眼睛素材，然后打开【动画】面板，在面板中定义2个帧，制作眨眼睛的动态效果。

源文件：素材与源文件 / 第 13 章 /13.1/ 源文件 / 眨眼睛的美女 .psd

素材：素材与源文件 / 第 13 章 /13.1/ 素材 / 美女 1. tif、美女 2.tif

视频教程：Video/13/13-1

STEP1 执行【文件】|【打开】命令，打开素材：美女 1.tif。

STEP2 执行【文件】|【打开】命令，打开素材：美女 2.tif。

STEP3 选择【套索工具】，在素材“美女 2”的右眼上拖移绘制选区。

STEP4 选择【移动工具】，拖移选区内容到素材“美女1”中，生成“图层1”，选择【橡皮擦工具】，擦除边缘图像。

STEP5 选择【套索工具】，在素材“美女2”的左眼上拖移绘制选区。

STEP6 选择【移动工具】，拖移选区内容到素材“美女1”中，生成“图层2”，并按【Ctrl+T】组合键将其旋转到合适位置。

STEP7 选择【橡皮擦工具】，擦除“图层2”的边缘图像。

STEP8 执行【窗口】|【动画】命令，打开【动画】面板，单击【动画】面板右下方的【转换为帧动画】按钮，转为帧动画视图。

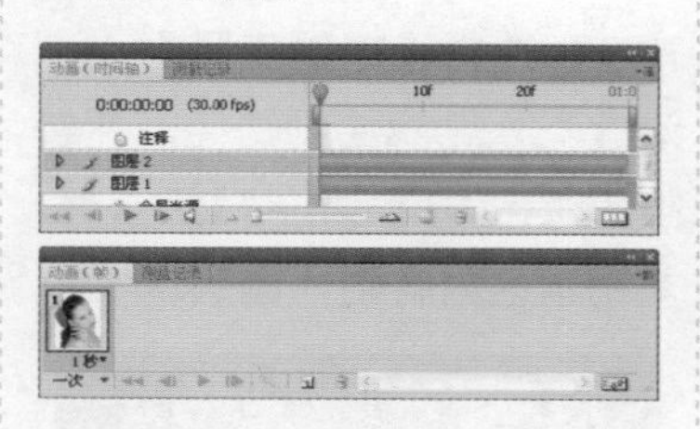

STEP9 选择“第1帧”，设置【帧延迟时间】为:0.5秒,【循环】为：永远。单击【指示图层可见性】按钮，隐藏“图层1”和“图层2”。

STEP10 单击【复制所选帧】按钮，复制生成“第2帧”，单击【指示图层可见性】按钮，显示“图层1”和“图层2”。

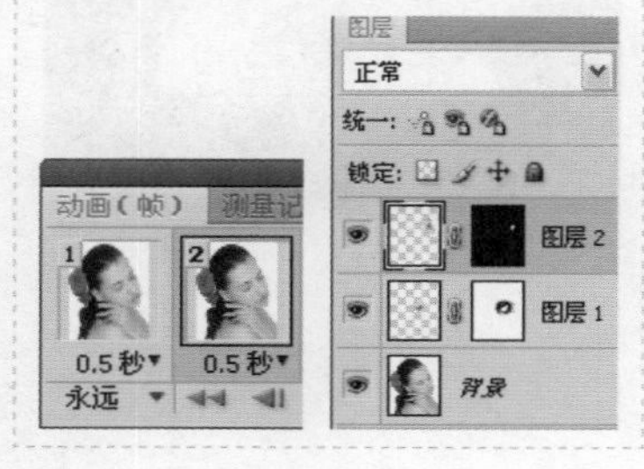

STEP11 执行【文件】|【存储为Web和设备所用格式】命令，选择对话框右上角的文件格式为:GIF，单击【存储】按钮。

STEP12 弹出【将优化结果存储为】对话框，输入文件名：眨眼睛的美女，并设置【保存类型】为:仅限图像（*.gif），单击【保存】按钮。

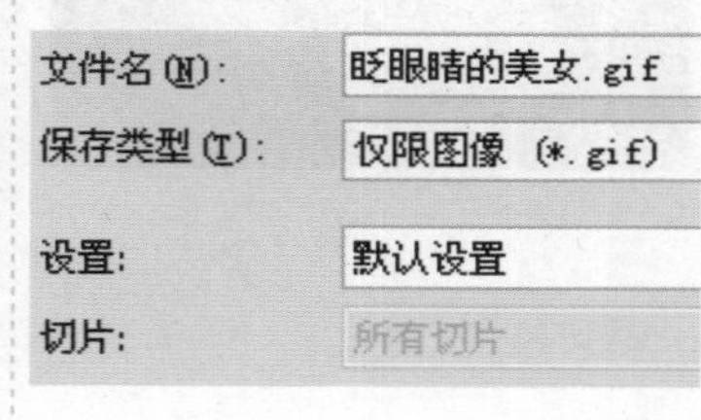

13.2 梦幻的睡莲

处理前

处理后

案例分析

本例讲解制作“梦幻的睡莲”动态效果图，主要运用【钢笔工具】，绘制出睡莲图像选区，并为选区填充颜色，配合【调整图层】命令，改变睡莲的颜色，并在【动画】面板中，赋予图像颜色动态变化效果。

源文件：素材与源文件 / 第 13 章 /13.2/ 源文件 / 梦幻的睡莲 .psd

素材：素材与源文件 / 第 13 章 /13.2/ 素材 / 睡莲 .tif

视频教程：Video/13/13-2

STEP1 执行【文件】|【打开】命令，打开素材：睡莲 .tif。

STEP2 选择【钢笔工具】，沿莲花外轮廓绘制路径，并转换为选区，按【Ctrl+J】组合键，复制选区内容到“图层 1”。

STEP3 载入“图层 1”选区，设置前景色为：粉红色，填充选区为：粉红色，取消选区。

STEP4 选择【图层】面板，设置“图层 1”的【图层混合模式】为：点光。

STEP5 按【Ctrl+L】组合键，打开【色阶】对话框，设置参数为：0，0.59，255。

STEP6 选择“背景”图层，绘制莲花选区，复制到“图层 2”，并移到最顶层，用相同的方法，改变莲花的颜色。

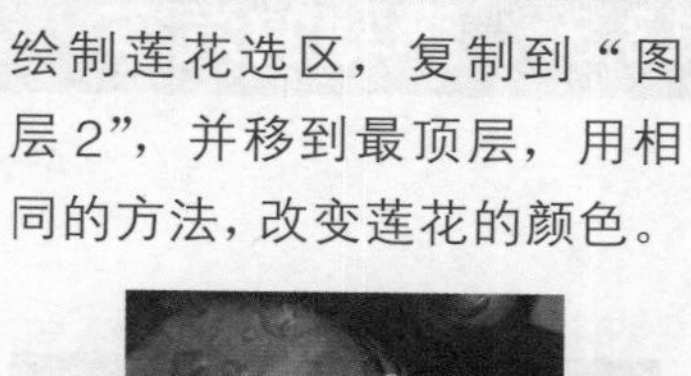

STEP7 执行【窗口】|【动画】命令，打开【动画】面板，单击【动画】面板右下方的【转换为帧动画】按钮，转为帧动画视图。

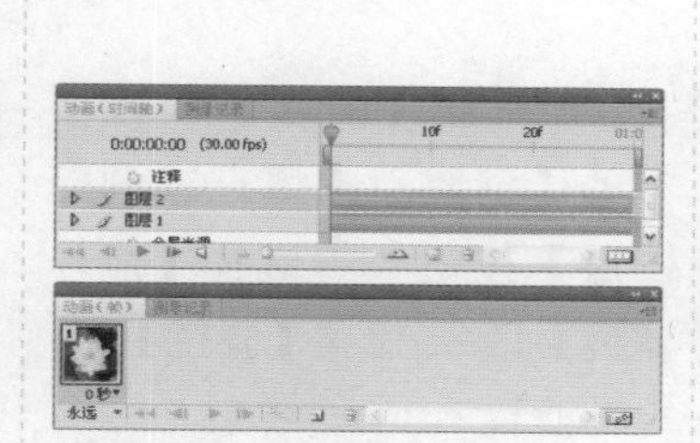

STEP8 选择“第 1 帧”，设置【帧延迟时间】为：0.5 秒，【循环】为：永远。单击【指示图层可见性】按钮，隐藏“图层 1”和“图层 2”。

STEP9 单击【动画】面板中的【复制所选帧】按钮，复制生成“第 2 帧”；单击【指示图层可见性】按钮，显示“图层 1”。

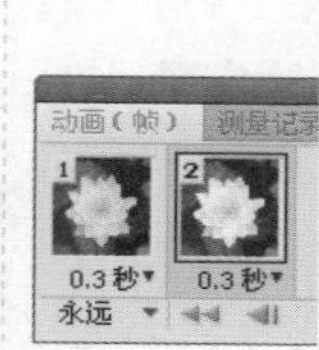

STEP10 单击【动画】面板中的【复制所选帧】按钮，复制生成“第 3 帧”；单击【指示图层可见性】按钮，显示“图层 1”。

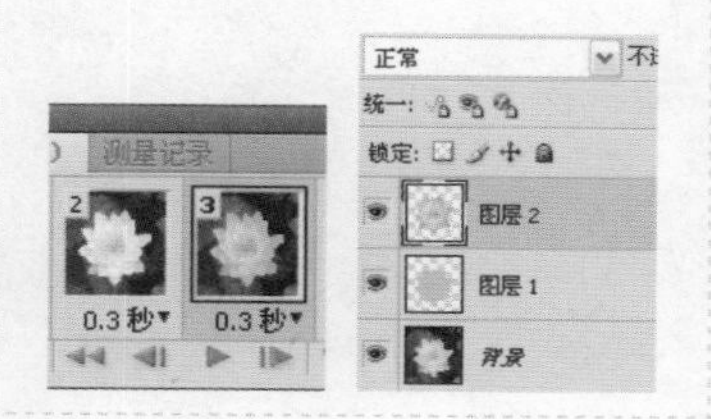

STEP11 执行【文件】|【存储为 Web 和设备所用格式】命令，选择对话框右上角的文件格式为：GIF，单击【存储】按钮。

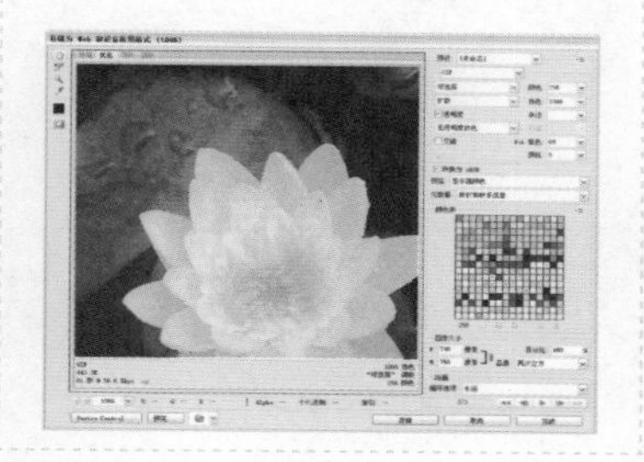

STEP12 单击【存储】后，弹出【将优化结果存储为】对话框，输入文件名：梦幻的睡莲，并设置【保存类型】为：仅限图像（*.gif），单击【保存】按钮。

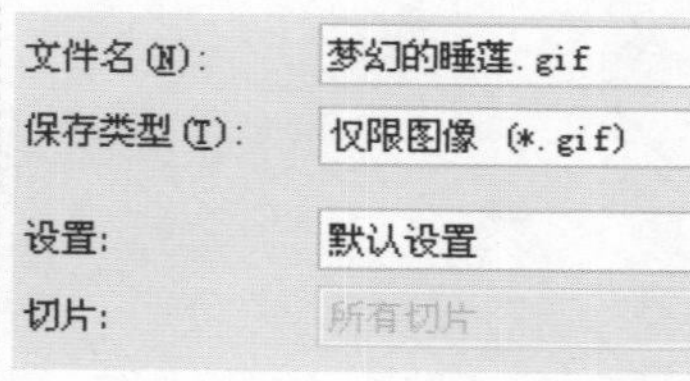

13.3 奔驰的汽车

案例分析

本例讲解制作“奔驰的汽车”动态效果图，主要运用了【仿制图章工具】，涂抹汽车周围的景物、公路上的单实线和汽车车窗的景物，使其有别原来的图像，再在【动画】面板中，赋予汽车奔驰的动态效果。

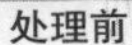
处理前

处理后

源文件：素材与源文件 / 第 13 章 /13.3/ 源文件 / 奔驰的汽车 .psd

素材：素材与源文件 / 第 13 章 /13.3/ 素材 / 公路上的汽车 .tif

视频教程：Video/13/13-3

STEP1 执行【文件】|【打开】命令，打开素材：公路上的汽车 .tif。

STEP2 单击【图层】面板下方的【创建新的填充或调整图层】按钮，选择【亮度/对比度】命令，设置参数为：13，28。

STEP3 单击【图层】面板下方的【创建新的填充或调整图层】按钮，选择【照片滤镜】命令，设置【滤镜】为：冷却滤镜（80）。

STEP4 盖印生成"图层1"，并复制生成"图层1副本"。选择【仿制图章工具】，按住【Alt】键，单击公路取样，涂抹覆盖部分单实线。

STEP5 执行【滤镜】|【模糊】|【动感模糊】命令，打开【动感模糊】对话框，设置参数为：20，10。

STEP6 选择"图层1"，并移到最顶层，选择【仿制图章工具】，单击车窗玻璃取样，并涂抹车窗，使车窗景物有所变化。

STEP7 选择【仿制图章工具】，分别单击公路和窗口右下角草地取样，并涂抹单实线和草地。

STEP8 执行【滤镜】|【模糊】|【动感模糊】命令，打开【动感模糊】对话框，设置参数为：20，10。

STEP9 选择【椭圆选框工具】，在前车轮上拖移绘制椭圆选区。按【Ctrl+J】组合键复制到"图层2"。

STEP10 按【Ctrl+T】组合键，在控制窗外拖移旋转图像，并按【Ctrl】键，改变图像的形状，按【Enter】键确定。

STEP11 按【Ctrl+J】组合键，复制生成"图层2"，选择【移动工具】，将图像移到后车轮上，并适当改变图像形状。

STEP12 选择【矩形选框工具】，拖移并绘制矩形选区，按【Ctrl+J】组合键复制到"图层3"。

STEP13 选择【移动工具】，按住【Shift】键，拖动“图层 3”水平向右移动。

STEP14 单击【以快速蒙版模式编辑】按钮，为“图层 3”添加蒙版，选择【画笔工具】，涂抹“图层 3”的边缘，隐藏部分图像。

STEP15 选择“图层 2”并选择【矩形选框工具】，拖移并绘制矩形选区，按【Ctrl+J】组合键复制选区内容到“图层 4”。

STEP16 单击【以快速蒙版模式编辑】按钮，为“图层 4”添加蒙版，选择【画笔工具】，涂抹“图层 4”的边缘，隐藏部分图像。

STEP17 执行【窗口】|【动画】命令，打开【动画】面板，单击【动画】面板右下方的【转换为帧动画】按钮，转为帧动画视图。

STEP18 选择“第 1 帧”，设置【帧延迟时间】为:0.2 秒，【循环】为：永远。单击【指示图层可见性】按钮，隐藏“图层 1”至“图层 4”之间的所有图层。

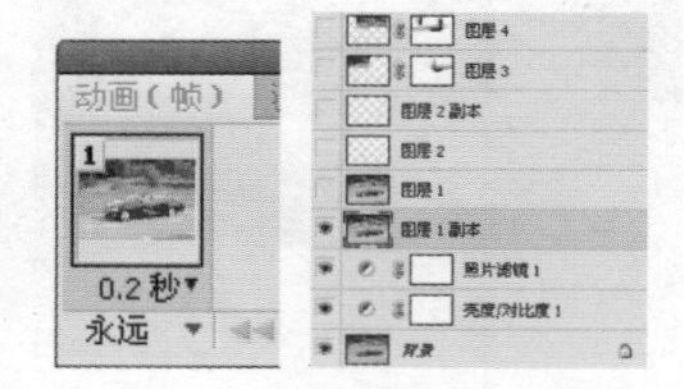

STEP19 单击【动画】面板中的【复制所选帧】按钮，复制生成“第 2 帧”；单击【指示图层可见性】按钮，显示“图层 1”至“图层 4”之间的所有图层。

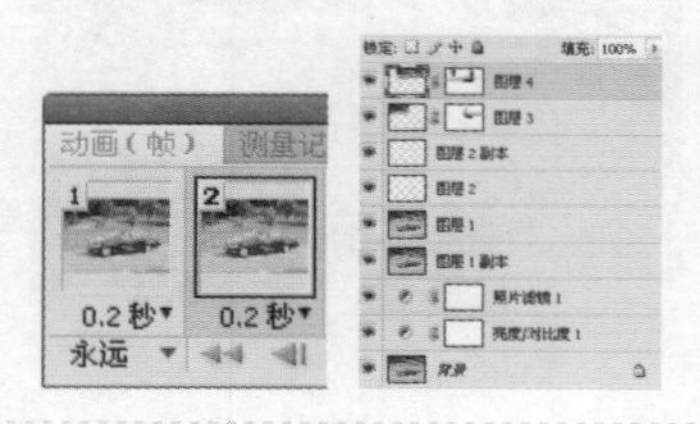

STEP20 执行【文件】|【存储为 Web 和设备所用格式】命令，选择对话框右上角的文件格式为：GIF，单击【存储】按钮。

STEP21 弹出【将优化结果存储为】对话框，输入文件名：奔驰的汽车，并设置【保存类型】为：仅限图像（*.gif），单击【保存】按钮。

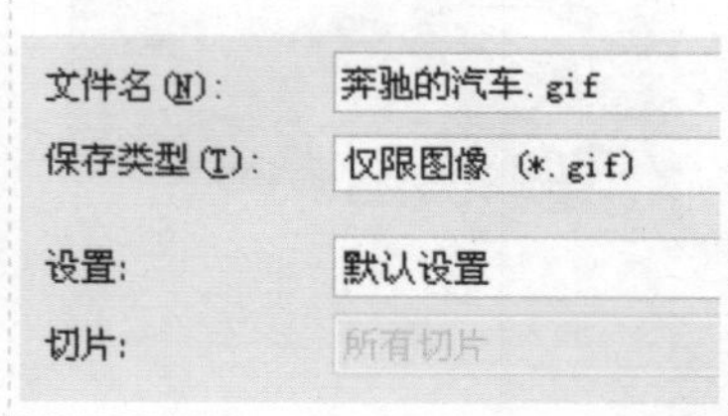

13.4　哭泣的女孩

处理前

处理后

案例分析

本例讲解制作“哭泣的女孩”动态效果图，主要运用【钢笔工具】，绘制出眼睛选区，并对其进行【高斯模糊】处理，并运用【色相 / 饱和度】命令，加深其红色，制作泪眼效果，再运用【画笔工具】，绘制泪痕并导入眼泪素材，最后在【动画】面板中，赋予人像流泪的动态效果。

源文件：素材与源文件 / 第 13 章 /13.4/ 源文件 / 哭泣的女孩 .psd

素材：素材与源文件 / 第 13 章 /13.4/ 素材 / 忧郁的女孩 .tif、眼泪 .tif

视频教程：Video/13/13-4

STEP1 执行【文件】|【打开】命令，打开素材：忧郁的女孩 .tif。

STEP2 按【Ctrl+M】组合键，打开【曲线】对话框，向下调整曲线弧度，降低图像亮度。

STEP3 选择【钢笔工具】，在图像右侧的眼睛上绘制路径，并将路径转换为选区。

STEP4 按【Ctrl+J】组合键复制选区到“图层1”中，执行【滤镜】|【模糊】|【高斯模糊】命令，设置参数为：0.5。

STEP5 按【Ctrl+U】组合键，打开【色相/饱和度】对话框，设置参数为：-10，+20，0，单击【确定】按钮。

STEP6 选择【钢笔工具】，在图像左侧眼睛上绘制路径，并将路径转换为选区。

STEP7 按【Ctrl+J】组合键复制选区到“图层2”中，执行【滤镜】|【模糊】|【高斯模糊】命令，设置参数为：0.5。

STEP8 按【Ctrl+U】组合键，打开【色相/饱和度】对话框，设置参数为：-10，+11，0，单击【确定】按钮。

STEP9 新建“图层3”，设置前景色为：白色，选择【画笔工具】，在右侧的脸颊上涂抹绘制泪痕。

STEP10 选择【图层】面板，设置“图层3”的【不透明度】为：44%。

STEP11 新建“图层4”，用相同的方法，在左侧的脸颊上绘制泪痕。

STEP12 打开素材：眼泪.tif，将其导入到窗口中，生成“眼泪”图层。

STEP13 复制“眼泪”图层生成“眼泪副本”图层，按【Ctrl+T】组合键翻转图像并移动其位置。同时选择“眼泪”及“眼泪副本”图层，将其编组为“组 1”。

STEP14 复制“组 1”生成“组 1 副本”，选择【移动工具】，向下移动眼泪的位置，并为其添加图层蒙版，选择【画笔工具】，涂抹隐藏部分眼泪。

STEP15 用相同的方法，复制“组 1 副本”2 次，生成“组 1 副本 2”和“组 1 副本 3”，分别向下移动位置，添加蒙版，涂抹隐藏部分图像。

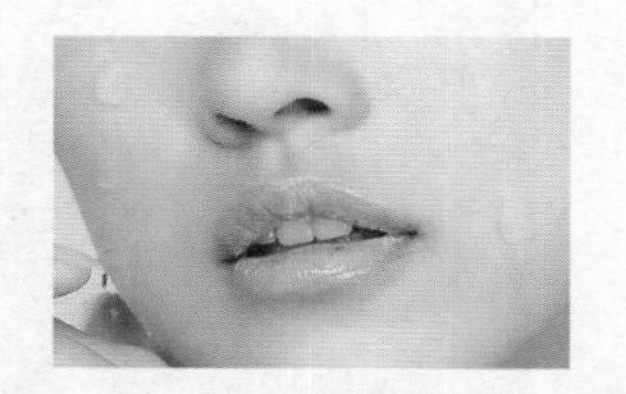

STEP16 执行【窗口】|【动画】命令，打开【动画】面板，单击【动画】面板右下方的【转换为帧动画】按钮，转为帧动画视图。

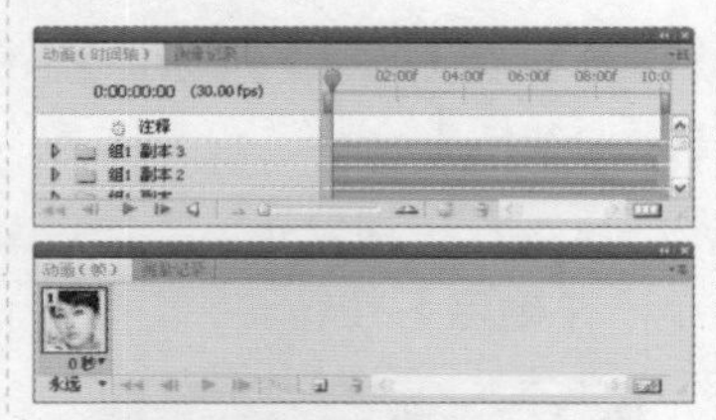

STEP17 选择“第1帧”，设置【帧延迟时间】为：0.4秒，【循环】为：永远。单击【指示图层可见性】按钮，隐藏“组1副本”至“组1副本3”之间的所有组。

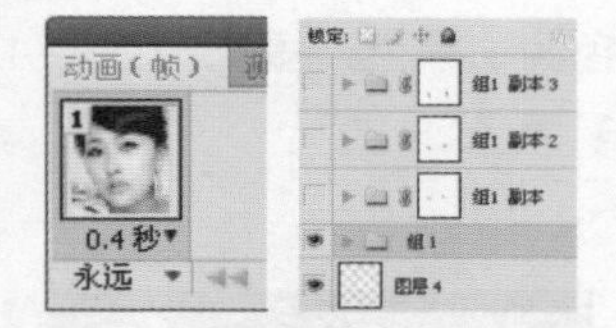

STEP18 单击【动画】面板中的【复制所选帧】按钮，复制生成“第 2 帧”，单击【指示图层可见性】按钮，隐藏“组 1”，单击【指示图层可见性】按钮，显示“组 1 副本”。

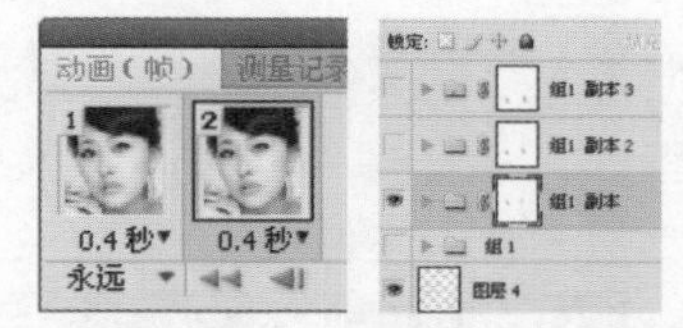

STEP19 单击【动画】面板中的【复制所选帧】按钮，复制生成“第 3 帧”；单击【指示图层可见性】按钮，隐藏“组 1 副本”；单击【指示图层可见性】按钮，显示“组 1 副本 2”。

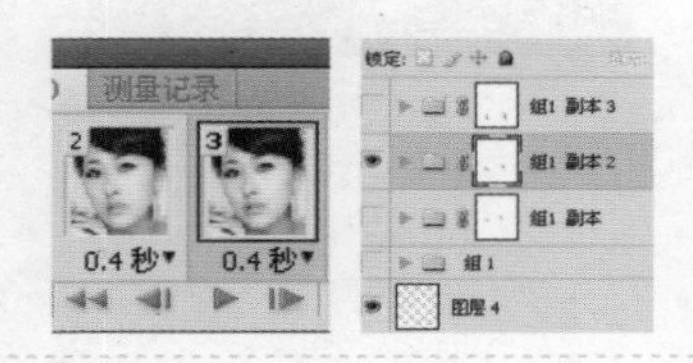

STEP20 单击【动画】面板中的【复制所选帧】按钮，复制生成“第 4 帧”；单击【指示图层可见性】按钮，隐藏“组 1 副本 2”；单击【指示图层可见性】按钮，显示“组 1 副本 3”。

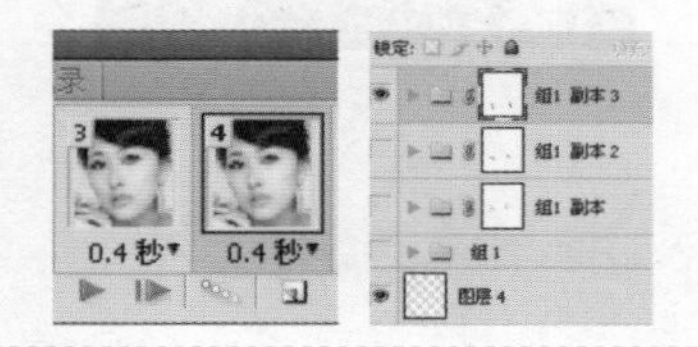

STEP21 执行【文件】|【存储为 Web 和设备所用格式】命令，存储文件，输入文件名：哭泣的女孩，并设置【保存类型】为：仅限图像（*.gif），单击【保存】按钮。

文件名(N):	哭泣的女孩.gif
保存类型(T):	仅限图像 (*.gif)
设置:	默认设置
切片:	所有切片

13.5 雨中的树叶

处理前

处理后

案例分析

本例讲解制作“雨中的树叶”动态图像。主要运用【点状化】、【阈值】和【动感模糊】命令，制作逼真的雨丝效果，再导入雨滴素材，复制改变雨滴的形状，最后在【动画】面板中，制作下雨的动态效果。

源文件：素材与源文件 / 第 13 章 /13.5/ 源文件 / 雨中的树叶 .psd

素材：素材与源文件 / 第 13 章 /13.5/ 素材 / 清新的树叶 .tif、雨滴 .tif

视频教程：Video/13/13-5

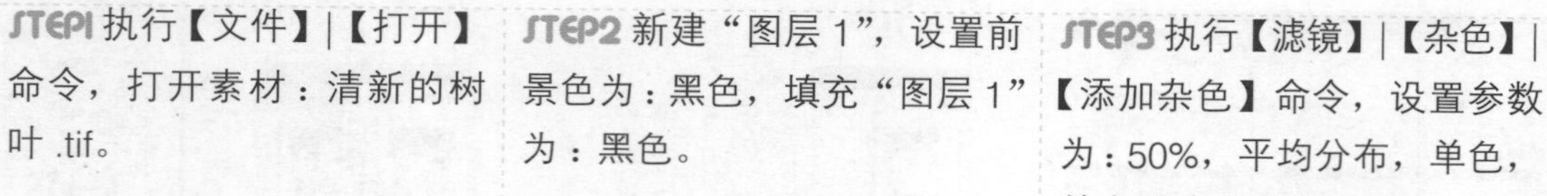

STEP1 执行【文件】|【打开】命令，打开素材：清新的树叶 .tif。

STEP2 新建“图层 1”，设置前景色为：黑色，填充“图层 1”为：黑色。

STEP3 执行【滤镜】|【杂色】|【添加杂色】命令，设置参数为：50%，平均分布，单色，单击【确定】按钮。

STEP4 执行【图像】|【调整】|【阈值】命令，设置【阈值色阶】为：125，单击【确定】按钮。

STEP5 选择【矩形选框工具】绘制选区，复制选区并隐藏“图层1”，按【Ctrl+T】组合键调整大小，按【Enter】键。

STEP6 执行【滤镜】|【模糊】|【动感模糊】命令，设置参数为：90，130，单击【确定】按钮。

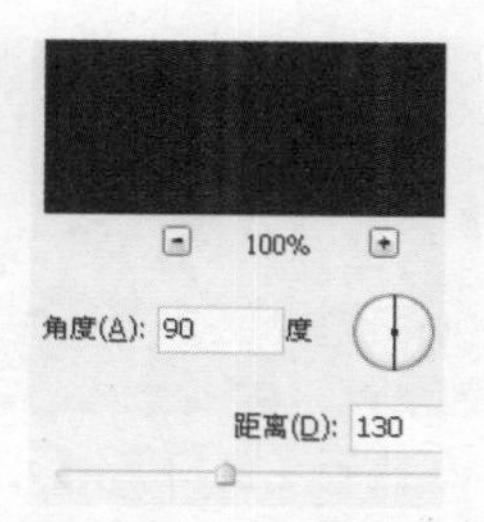

STEP7 设置【图层】面板中的【图层混合模式】为：滤色。

STEP8 按【Ctrl+J】组合键复制“图层1”4次，按住【Shift】键选择“图层2”，并按【Ctrl+E】组合键向下合并为“图层2副本4”。

STEP9 设置【图层混合模式】为：滤色，复制生成“图层2副本5”，选择【移动工具】，向上移动图像，使雨丝变密。

STEP10 按【Ctrl+E】组合键合并为：“图层2副本4”，复制生成“图层2副本5”，选择【移动工具】，向右上方移动图像。

STEP11 按住【Shif】键选择“图层2副本4”，按【Ctrl+E】组合键合并为：“图层2副本5”，并复制生成“图层2副本6”，选择【移动工具】，向左侧移动图像。

STEP12 按【Ctrl + O】组合键，打开素材：雨滴.tif，导入素材并摆放在图像窗口左侧的树叶上。

STEP13 复制“雨滴”为“雨滴副本”，按【Ctrl+T】组合键，单击右键，选择【变形】命令，改变图像的形状和位置。

STEP14 单击按钮，为“雨滴副本”添加图层蒙版，选择【画笔工具】，涂抹隐藏部分图像。

STEP15 用相同的方法生成“雨滴副本 2”，改变图像的形状和位置，并添加蒙版，隐藏部分图像。

STEP16 执行【窗口】|【动画】命令，打开【动画】面板，单击【动画】面板右下方的【转换为帧动画】按钮，转为帧动画视图。

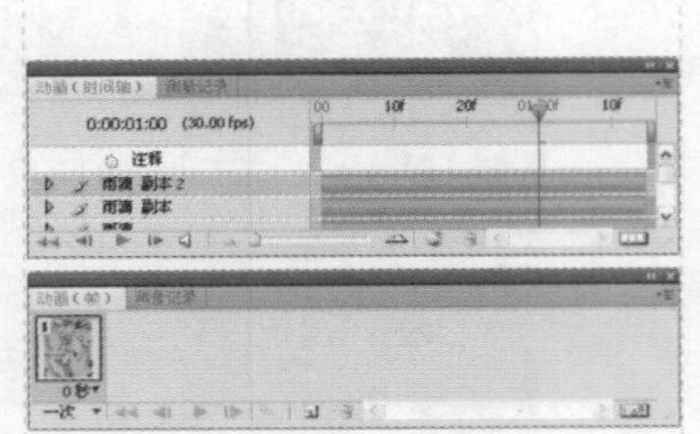

STEP17 选择“第 1 帧”，设置【帧延迟时间】为：0.5 秒，【循环】为：永远。单击【指示图层可见性】按钮，隐藏“图层 1 副本”、“图层 1 副本 2”、“雨滴副本”和“雨滴副本 2”。

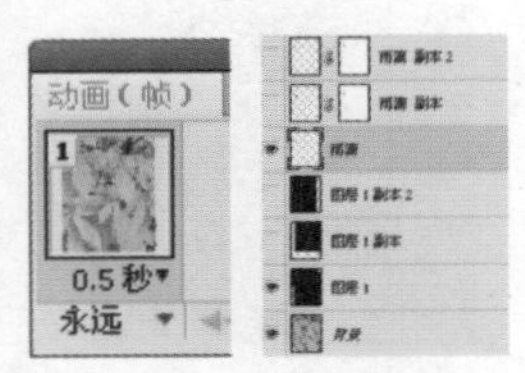

STEP18 单击【复制所选帧】按钮复制生成“第 2 帧”；单击【指示图层可见性】按钮，隐藏“图层 1”和“雨滴”图层；显示“图层 1 副本”和“雨滴副本”。

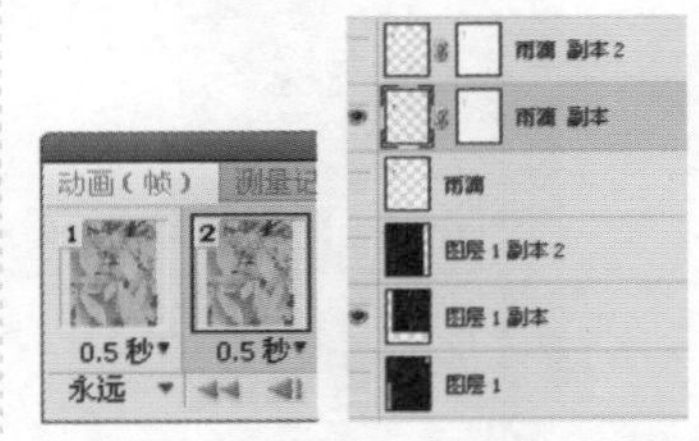

STEP19 单击【复制所选帧】按钮，复制生成“第 3 帧”，单击【指示图层可见性】按钮，隐藏“图层 1 副本”和“雨滴副本”，显示“图层 1 副本 2”和“雨滴副本 2”。

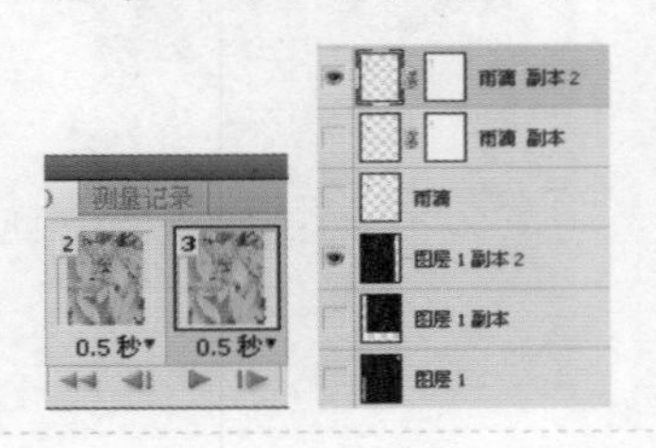

STEP20 执行【文件】|【存储为 Web 和设备所用格式】命令，选择对话框右上角的文件格式为：GIF，单击【存储】按钮。

STEP21 在弹出的【将优化结果存储为】对话框中输入文件名：雨中的树叶，并设置【保存类型】为：仅限图像（*.gif）。单击【保存】按钮。

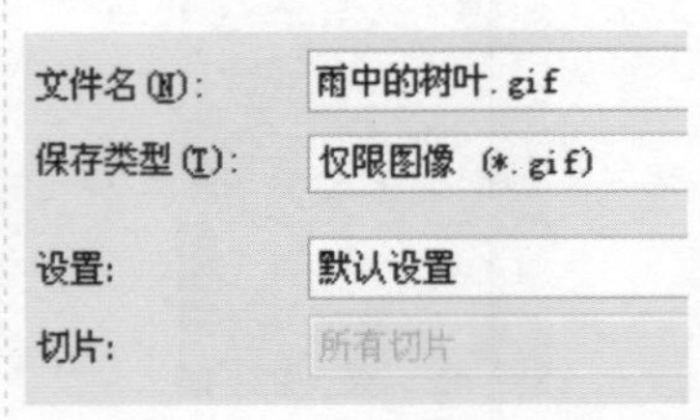

13.6 飞舞的泡泡

处理前

处理后

案例分析

本例讲解制作“飞舞的泡泡”动态效果。主要运用【曲线】命令，调整出不同颜色的背景图像，再导入泡泡素材，复制泡泡并运用【移动工具】移动泡泡的位置，制作飞舞的泡泡效果，最后在【动画】面板中，制作出泡泡和翅膀的动态效果。

源文件：素材与源文件 / 第 13 章 /13.6/ 源文件 / 飞舞的泡泡 .psd

素材：素材与源文件 / 第 13 章 /13.6/ 素材 / 美丽的天使 .tif、泡泡 .tif

视频教程：Video/13/13-6

STEP1 执行【文件】|【打开】命令，打开素材：美丽天使.tif。

STEP2 复制“背景”图层，生成“背景副本”，按【Ctrl+M】组合键，选择【绿】通道，向上调整曲线弧度。

STEP3 复制“背景”图层生成“背景副本2”，移到最顶层。按【Ctrl+M】组合键，选择【红】通道，向下调整曲线弧度。

STEP4 选择【仿制图章工具】，涂抹“背景副本 2”，覆盖部分翅膀图像。

STEP5 复制“背景副本 2”生成“背景副本 3”，移到最顶层。按【Ctrl+M】组合键，选择【蓝】通道，向下调整曲线弧度。

STEP6 选择【仿制图章工具】，涂抹“背景副本 3”，覆盖部分翅膀图像。

STEP7 选择“背景”图层，选择【钢笔工具】，绘制翅膀选区，并复制到“图层 1”，将其移到最顶层。

STEP8 按【Ctrl+T】组合键，按住【Ctrl】键，拖移翅膀图像，使其向内变形变小，按【Enter】键确定。

STEP9 单击【以快速蒙版模式编辑】按钮，为“图层 1”添加蒙版，选择【画笔工具】，涂抹隐藏翅膀的部分图像。

STEP10 按【Ctrl+O】组合键，打开素材：泡泡 .tif，并将“泡泡”组导入到窗口中。

STEP11 复制“泡泡”组，生成“泡泡副本”组，选择【移动工具】，移动泡泡图像。

STEP12 复制生成“泡泡副本 2”组，选择【移动工具】，移动组内的泡泡图像。

STEP13 复制生成“泡泡副本3”组，选择【移动工具】，移动组内的泡泡图像。

STEP14 选择【图层】面板，单击【指示图层可见性】按钮，隐藏除“背景”图层和“泡泡”组以外的图层和组。

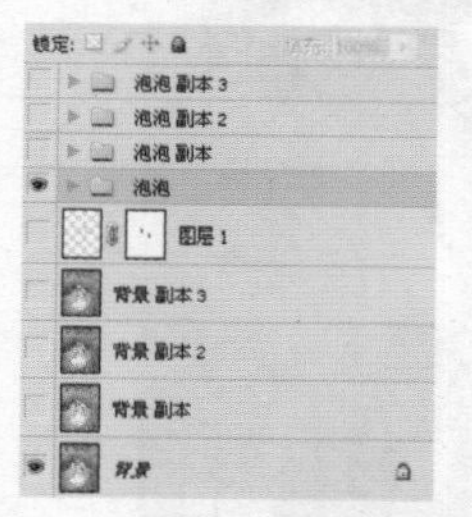

STEP15 执行【窗口】|【动画】命令，打开【动画】面板，单击【动画】面板右下方的【转换为帧动画】按钮，转为帧动画视图。

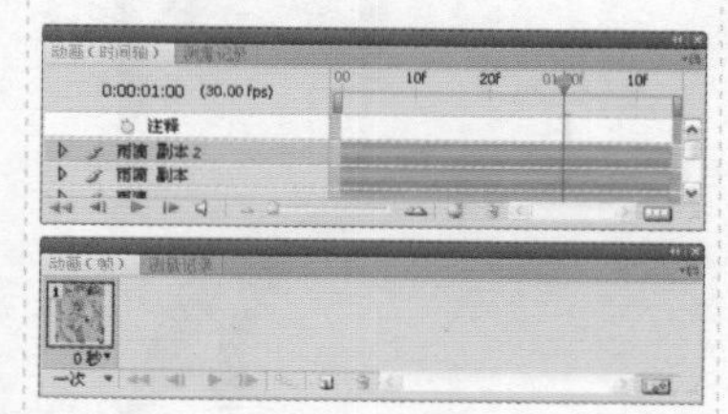

STEP16 选择“第1帧”，设置【帧延迟时间】为:0.5秒，【循环】为：永远。

STEP17 单击【动画】面板右下方的【复制所选帧】按钮，复制生成“第2帧”。单击【指示图层可见性】按钮，隐藏“泡泡”组。显示“背景副本2”、“图层1”和“泡泡 副本”。

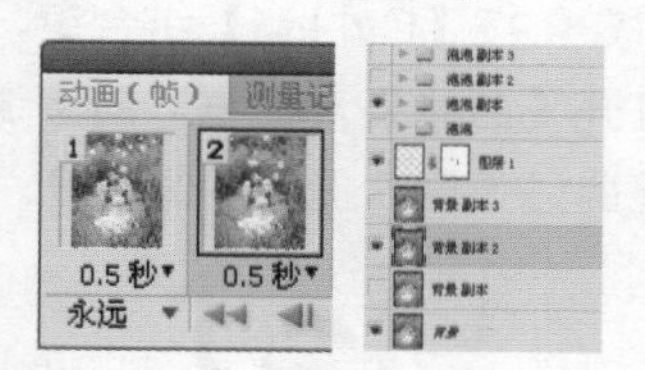

STEP18 单击【复制所选帧】按钮，复制生成“第3帧”。单击【指示图层可见性】按钮，隐藏“背景副本2”、“图层1”和“泡泡副本”。显示“背景副本”和“泡泡副本2”。

STEP19 单击【复制所选帧】按钮，复制生成“第4帧”。单击【指示图层可见性】按钮，隐藏“背景副本”、“泡泡副本2”。显示“背景副本3”、“图层1”和“泡泡 副本3”。

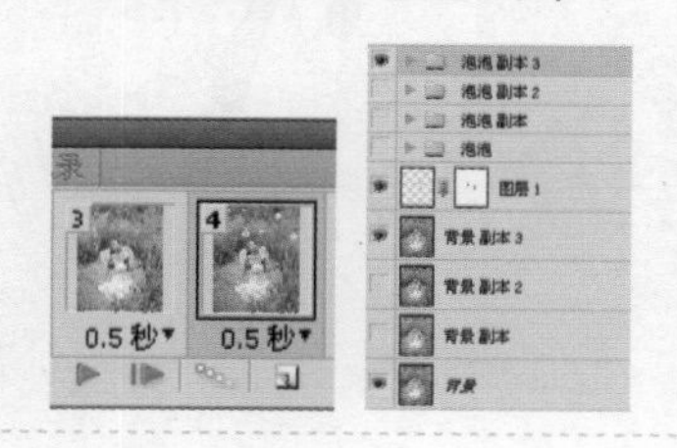

STEP20 执行【文件】|【存储为Web和设备所用格式】命令，选择对话框右上角的文件格式为：GIF，单击【存储】按钮。

STEP21 在弹出的【将优化结果存储为】对话框中输入文件名：飞舞的泡泡，并设置【保存类型】为：仅限图像（*.gif）单击【保存】按钮。

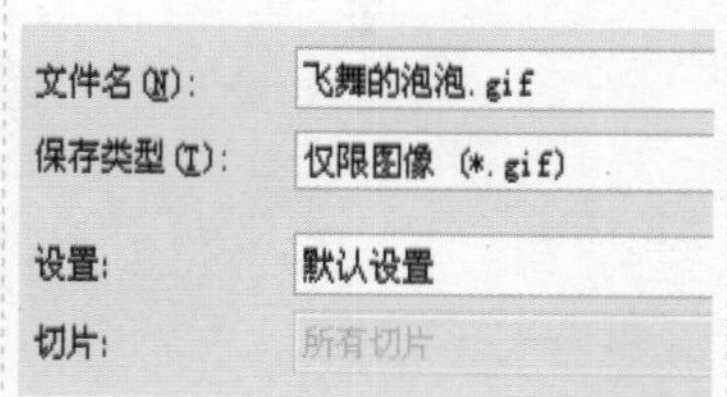

13.7 荡秋千的女孩

处理前

处理后

案例分析

本例讲解制作荡秋千的女孩动态效果图，主要运用了【钢笔工具】，绘制出人物选区，并将人物导入到花瓣满地背景图像中，复制人物并放大图像大小，最后在【动画】面板中，赋予人物荡秋千的动态效果。

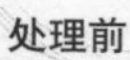

源文件：素材与源文件 / 第 13 章 /13.7/ 源文件 / 荡秋千的女孩 .psd

素材：素材与源文件 / 第 13 章 /13.7/ 素材 / 秋千女孩 .tif、花瓣满地 .tif

视频教程：Video/13/13-7

STEP1 执行【文件】|【打开】命令，打开素材：秋千女孩 .tif。

STEP2 按【Ctrl+M】组合键，打开【曲线】对话框，向上调整曲线弧度，提高图像亮度。

STEP3 选择【钢笔工具】，沿人物和秋千的边缘绘制路径。

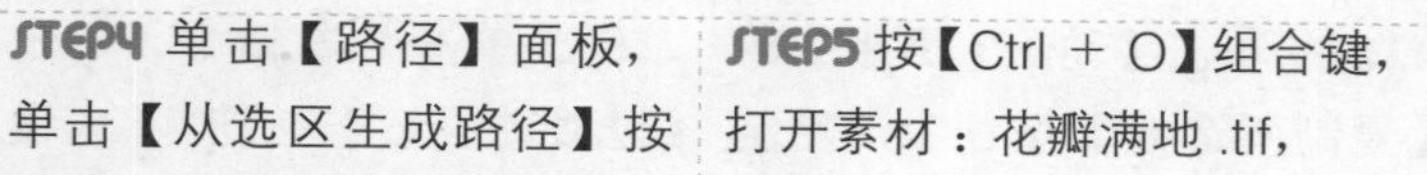

STEP4 单击【路径】面板，单击【从选区生成路径】按钮，将路径转换为选区。

STEP5 按【Ctrl + O】组合键，打开素材：花瓣满地.tif，

STEP6 单击按钮，选择【色阶】命令，分别设置【红】通道和【绿】通道参数为：0，1.03，255 和 0，1.12，255。

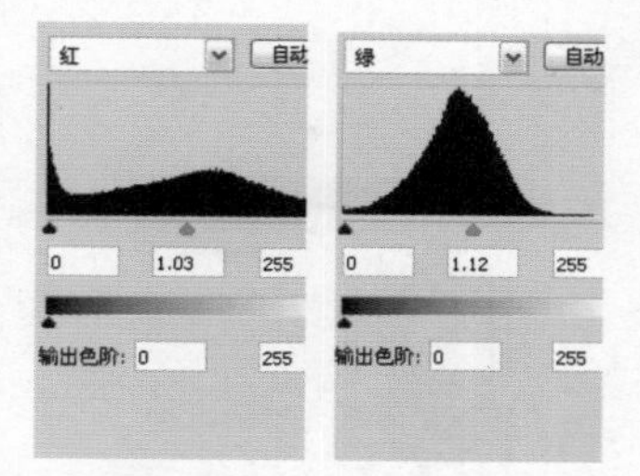

STEP7 执行【色阶】命令后，图像中的红色和绿色加深了。

STEP8 单击按钮，选择【亮度/对比度】命令，设置参数为：0,47。盖印可见图层，生成“图层 1”。

STEP9 导入“秋千女孩”窗口中的选区内容到“花瓣满地”窗口中，生成“图层 2”。

STEP10 选择“图层 2”，复制生成“图层 2”，按【Ctrl+T】组合键，放大图像大小。

STEP11 选择【图层】面板，单击“图层 1 副本”前面的【指示图层可见性】按钮，隐藏该图层。

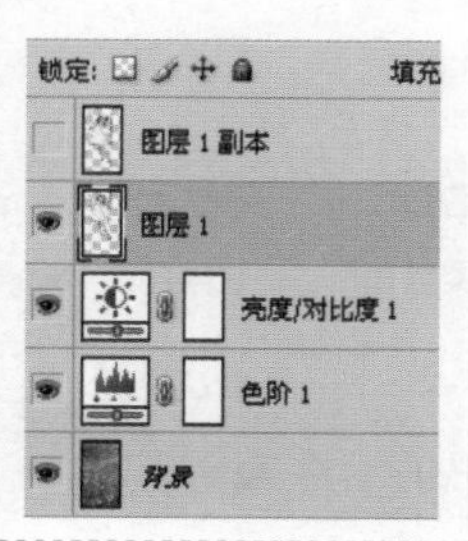

STEP12 执行【窗口】|【动画】命令，打开【动画】面板，单击【动画】面板右下方的【转换为帧动画】按钮，转为帧动画视图。

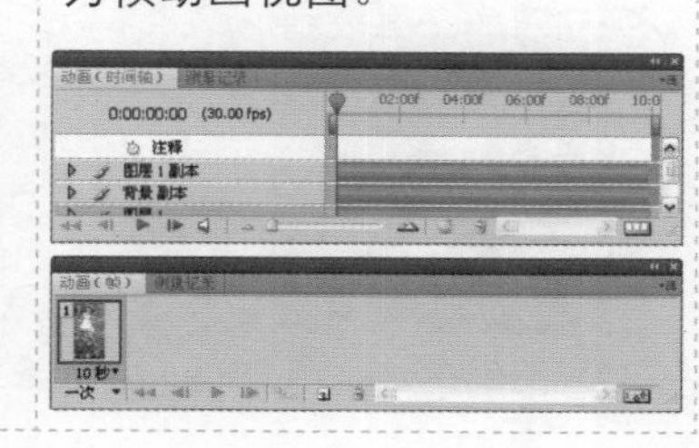

STEP13 选择“第 1 帧”，设置【帧延迟时间】为:0.5 秒,【循环】为：永远。

STEP14 单击【动画】面板中的【复制所选帧】按钮，复制生成“第 2 帧”；单击【指示图层可见性】按钮，隐藏“图层 1”，显示“图层 1 副本”。

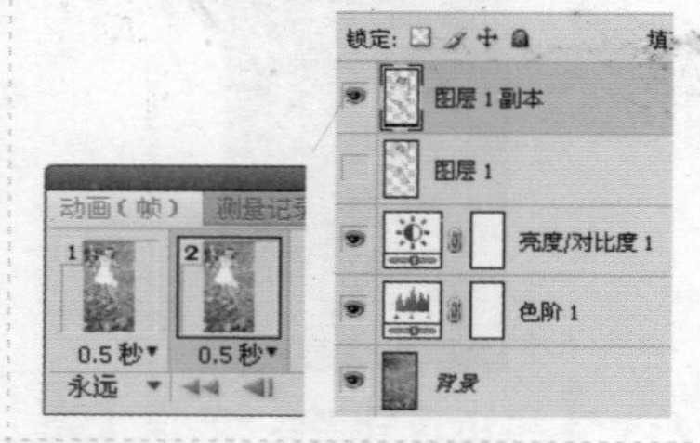

STEP15 单击“第 1 帧”，单击【过渡动画帧】按钮，设置【要添加的帧数】为：2，其他参数不变，单击【确定】按钮。

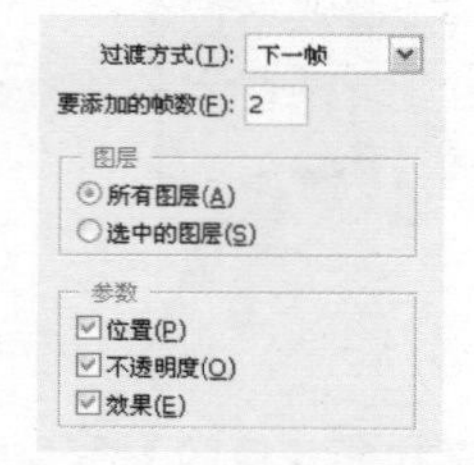

STEP16 添加【过渡动画帧】后，【动画】面板添加了 2 个新帧，分别为“第 2 帧”和“第 3 帧”。原来的“第 2 帧”变为“第 4 帧”。

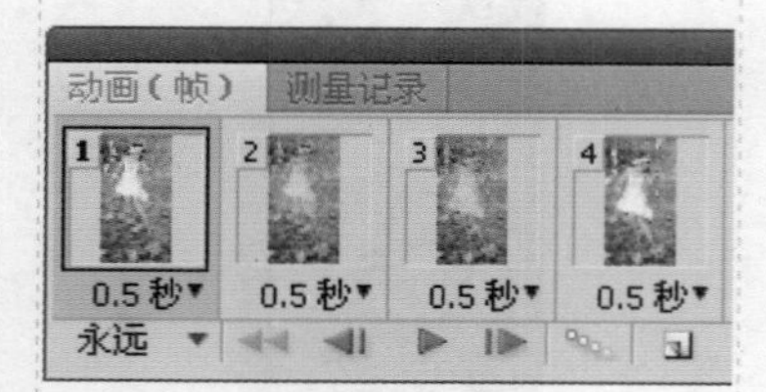

STEP17 添加【过渡帧】后，单击【动画】面板中的“第 2 帧”，图像效果如下图所示。

STEP18 单击【动画】面板中的“第 3 帧”，图像效果如下图所示。

STEP19 执行【文件】|【存储为 Web 和设备所用格式】命令，选择对话框右上角的文件格式为:GIF，单击【存储】按钮。

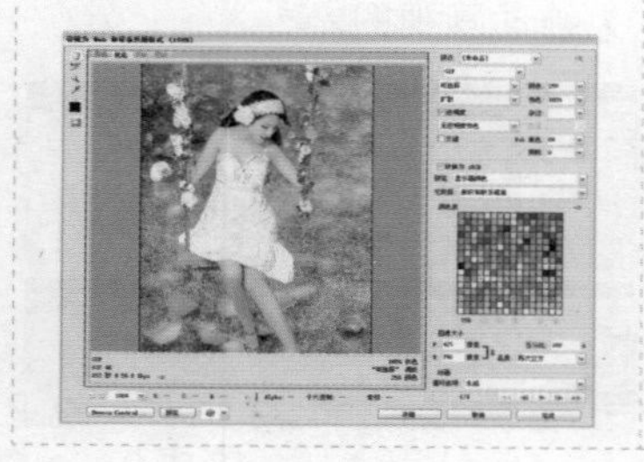

STEP20 弹出【将优化结果存储为】对话框，输入文件名：荡秋千的女孩，并设置【保存类型】为：仅限图像（*.gif)。

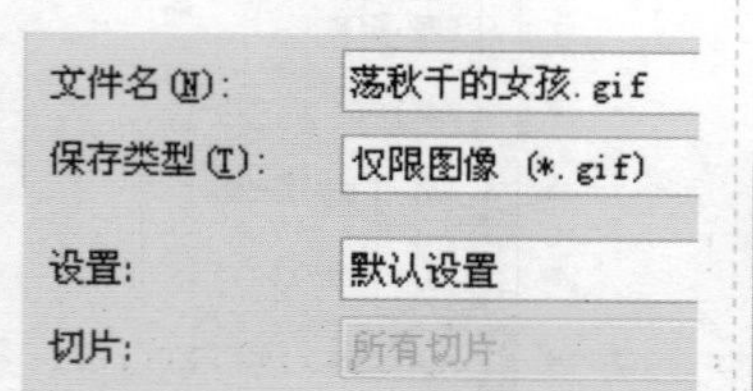

STEP21 单击【保存】按钮后，自动弹出警告对话框。在弹出的警告对话框中单击【确定】按钮，动态图像制作完毕。

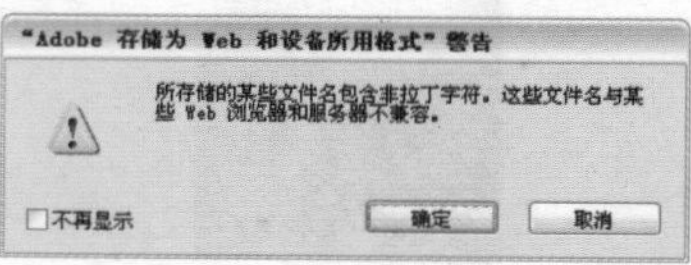